U0098884

t Spring

寂靜的春天

瑞秋·露易絲·卡森 Rachel Louise Carson —— 著
龐洋 —— 譯

連續31周雄踞《紐約時報》暢銷榜，全球銷量突破2,000萬冊
影響世界歷史進程的十部著作之一，20世紀最佳新聞作品之一

現代環境保護運動奠基之作

與《湖濱散記》《沙鄉年鑑》並稱爲自然文學三部曲

引言

作為一名民選官員，為《寂靜的春天》作序，我心懷恭謙，因為瑞秋・卡森這一里程碑式的著作無可辯駁地證明了思想的力量要遠遠強於政治家的力量。一九六二年該書首次出版之時，公共政策的詞彙表中甚至沒有「環境」這個詞。在一些城市，尤其是洛杉磯，煙霧引起了人們的擔憂，但這更多的是因為外觀而非其對於公共健康的威脅。資源保護——環境保護主義的前身——曾在一九六〇年民主黨和共和黨的代表大會上被提及，但僅僅是在討論國家公園和自然資源時順帶提及。而且除了在一些大多數人很難看到的科學雜誌上三三兩兩地散布著一些內容，幾乎沒有公共討論是針對DDT（中文又作滴滴涕，學名雙對氯苯基三氯乙烷（Dichloro-Diphenyl-Trichloroethane），對人類毒性高，曾經是最著名的合成農藥和殺蟲劑。後來人們發現其不易降解，會對魚類和鳥類生存繁殖不利，破壞生態平衡，在臺灣及世界大部分地區已經停止使用並被世界衛生組織界定為二級致癌物）、其他農藥以及各類化學物質所造成的越來越多的看不見的危險。《寂靜的春天》的出現就如同曠野裡的呼喊，作者以深刻的感受、透徹的研究以及生花的妙筆改變了歷史的進程。如果沒有這本書，環境保護運動或許會滯後許多年，甚至可能現在都尚未開始。

可以想像，這本書和作者本人（曾任魚類和野生動物管理局的海洋生物學家）受到了來自汙染獲益者的極大阻力。大型化學公司試圖打壓此書，而《紐約客》上刊發了本書節選後，立刻出現了齊聲非難卡森的情形，指責她是歇斯底里的極端分子——直到今天仍能聽到此類控訴，只要有人質疑那些環境汙染的既得利益者，這些控訴就會出現（我曾於一九九二年選舉時被戴上了「臭氧人」的帽子，這一稱呼的本意並非讚美，但我卻作為榮譽勛章欣然接受，我知道提到這些問題就會不可避免地引發激烈的反應，有時這些反應已經到了愚蠢的地步）。直到該書廣泛發行時，更是有各路驚人的力量共同反對卡森。

卡森受到的攻擊可以和查爾斯·達爾文發表《物種起源》時受到的猛烈炮火相提並論。更過分的是，由於卡森是一名女性，大部分的非議都針對她的性別開火。說她「歇斯底里」就是典型的這類攻擊。《時代週刊》說卡森使用了「煽動性的文字」，這又是另一條指責。她作為科學家的公信力也遭到了攻擊：反對者出資進行宣傳，意圖駁斥卡森的研究工作。這些和攻勢猛烈、資金充裕的負面選舉宣傳如出一轍，不過這次卻非針對一名政治候選人，而是針對一本書和它的作者。

在這場戰爭中，卡森憑藉的是兩種決定性的力量：對於真理的審慎與尊敬，以及極致的自我錘鍊。她反覆檢查《寂靜的春天》一書中的每一個段落，而過去這些年的歷史相較於她的警告而言，有過之而無不及。她的勇氣與遠見，遠遠超出了她意欲挑戰這一強大而利潤豐厚的工業行業的初衷。在撰寫此書期間，她忍受著根治性乳腺切除術以及後續放射治療的痛苦。在該書出版兩年後，她還是因為乳腺癌與世長辭。諷刺的是，新的研究指出，乳腺癌和暴露在有毒化學物質間有密切的關係。某種意義上說，卡森是在為自己的生命而書寫。

她的寫作和科學革命最早期根深蒂固的正統說法格格不入，這種說法認為人（當然這意味這人類中的男性）正是萬物的中心與主宰，科技的歷史主要就是男性統治的歷史——而且期望其最終可以達到幾乎絕對統治的狀態。而一位女性竟敢挑戰這一正統說法，當時它的主要衛道者之一羅伯特・懷特・史蒂文斯如此回應，說「支撐這場辯論的癥結所在，就是卡森小姐堅稱自然的平衡是人類賴以生存的主要力量，而現代化學家、現代生物學家和科學家都認為人類將自然牢牢掌握在手中」，這種說法現在聽起來不僅傲慢，而且和「地球是平的」一樣可笑。

在今天看來這種世界觀是荒謬可笑的，這恰恰說明了瑞秋・卡森的革命精神。集團利益各方的攻擊如期而至，甚至連美國醫學協會都站在化學公司這一邊。而且，發現了DDT殺蟲功效的人還獲得了諾貝爾獎。

然而這本書卻並未被封殺。雖然書中提出的種種問題並未立刻得到解決，但這本書卻大受歡迎，得到了公眾的廣泛支持。除了因為本書令人信服之外，卡森前兩本暢銷書《海洋傳》和《海之濱》不但使卡森獲得了經濟獨立，還為她帶來了公信力。與此同時，出版《寂靜的春天》一書時，正處於一九六〇年代的前幾年，那個年代可不平靜，在那十年中，美國人或許比以往任何時候都有著更充分的準備，願意聽到、看到書裡所傳達的資訊。在某種意義上說，這位女性和這一時代同時到來。

最後政府和公眾都投入了進來——不僅包括本書的讀者，還包括讀了相關新聞、看了相關電視節目的人們。《寂靜的春天》銷量突破五十萬冊時，哥倫比亞廣播公司安排了一期長達一小時的節目，而且在兩大主要贊助商都撤銷贊助的時候，仍然播出了該節目。甘迺迪總統在一次新聞發布會上就此書進行了討論，並委任一個特別專家組對書中結論進行檢測。該小組的發現報告中充滿了對於企業及政府漠視的控訴，也證實了卡森對於殺蟲劑潛在危害所發出的警告是正確的。不久後，國會就開始舉行聽證會，第一批草根環保組織也成立了。

《寂靜的春天》一書為新行動主義播下的種子現在已成為史上最偉大的群眾力量之一。瑞秋‧卡森於一九六四年春天去世時，人們就開始明白她的聲音永遠不會被湮沒。她喚醒的不單是美國，而是全世界。本書的出版恰恰可以視作新環保運動的開端。

《寂靜的春天》對我個人有著深遠的影響。我們曾在媽媽的堅持下在家裡閱讀此書，並在飯桌前進行討論。在那些需要在餐桌前討論的書裡，我和姐姐一本都不喜歡，但我們就此書進行的討論卻是愉快又生動的回憶。沒錯，瑞秋‧卡森是我如此關注環境並積極投身環境事業的原因之一。她的事蹟激勵我寫下了《平衡中的地球》一書，這本書也由霍頓‧米夫林出版公司出版，這絕非巧合，正是這家公司在論戰中全程支援卡森，此後因出版了許多環境危機類優秀書籍而贏得了美譽。

卡森的肖像與各位總統及首相等政治領袖的肖像一同掛在我的辦公室裡。已經掛了許多年了，也應當掛在那兒。卡森對我的影響和其他那些人的影響都旗鼓相當，甚至更深遠，或許比他們加起來的影響還要大。

卡森既是科學家，又是位理想主義者，她還是一位孤獨者，她善於傾聽當權者時常會忽略的聲音。《寂靜的春天》的構想來源於麻薩諸塞州德斯布里一位名為奧爾加・歐文斯女士的來信，信中說DDT正導致鳥兒死亡。今天，卡森的成就促成了DDT的禁用，也因此使某些她尤為關注的某些物種——鷹和隼——不再處於滅絕的邊緣。而人類，或者至少說有成千上萬的人類生命也一樣將因為她寫下的篇章而得到拯救。

因此難怪人們會把《寂靜的春天》的影響力和《湯姆叔叔的小屋》相提並論。在少數幾本改變了整個社會的書籍中，就有這兩者的名字。然而二者也有重大區別。哈里特・比徹・斯托將已經存在於人們腦海中的公共焦點問題戲劇化了；她將這一已經引起了全人類關注的問題擬人化了。她所刻畫的奴隸形象感動了全國人民的良知。亞伯拉罕・林肯在南北戰爭戰事正酣時見到了，他說：「你就是引發了這一切的小婦人啊。」與之相反，瑞秋・卡森則警告人們注意一個幾乎沒人意識到的危險；她試圖將某件事提上全國日程，而非為已經存在於日程表上的某事提供證據。從這一角度看來，她的成就更加難能可貴。諷刺的是，她於一九六三年在國會面前作證時，參議員亞伯拉罕・利比科夫的歡迎辭竟怪異地回應了正好一百年前林肯的話：「卡森小姐，您就是引發了這一切的婦人。」

兩本書之間的另外一個不同之處在於《寂靜的春天》一書的核心思想持續對人類生活產生影響。奴隸制度在幾年時間內就可以廢除，歷史也確實如此，儘管過了一個世紀甚至更久人們才開始著手處理其後續問題。但是如果說，大筆一揮就能廢除奴隸制，化學汙染卻不能如此。儘管卡森就此事進行了強有力的論證，儘管美國採取了諸如禁止使用DDT等相關措施，環境危機卻日漸惡化，而非好轉。或許災難蔓延的速度慢了下來，但災難本身令人不安。自《寂靜的春天》出版後，僅農場上對於農藥的使用就多了一倍，增加到每年十一億噸，而這些危險化學物質的產量則上漲了百分之四百。我們在國內禁止了某些農藥的使用，但卻仍在製造這些農藥並出口至其他國家。這不僅說明了我們願意向他人出售自己無法接受的有害物質而牟利，還說明了人們並未意識到科學的法則並不遵從政治的界限這一基本理念。毒害任何一個地方的食物鏈最終都會導致每個地方食物鏈都將中毒。

卡森為數不多的演講中，曾有一次在美國園林俱樂部進行，這也是她最後進行的講演之一。她當時稱，在情況好轉之前會先經過惡化的階段：「這些問題牽涉很廣，也不好解決。」然而她也警告說我們等得越久，風險就越大：「我們正把整個種族都暴露在化學物質中，而動物實驗已經證明了這些物質毒性極強，在許多情況下毒性都會疊加。現在人們一出生或者出生前就暴露在這些物質中，除非我們改變行為方式，否則它們將繼續貫穿人們的一生。沒人知道結果如何，因為此前沒有相關經驗作為指導。」不幸的是，她說了這番話後，隨著癌症和其他與殺蟲劑使用有關的疾病發病率猛增，我們獲取了大量的相關經驗。難題不是我們什麼都沒做，而是我們已經採取了重要的措施，但我們做的遠遠不夠。

環境保護署（EPA）於一九七〇年成立，很大程度上要歸功於瑞秋・卡森讓人們關注並意識到了環境問題。殺蟲劑管理和食品安全檢查管理局也從農業部分離出來，併入了這一新的機構，因為農業部更願意看到農作物使用化學物質會帶來的益處而非危險。一九六二年以來，國會曾要求發布新的殺蟲劑檢查、註冊及相關資訊標準——不止一次。然而其中許多標準的制定都被忽略、推遲或者破壞了。比如說，科林頓—高爾政府接政時，保護農場工人免受殺蟲劑危害的標準尚未出臺，儘管環境保護署自一九七〇年代初就一直在「進行這項工作」。像DDT一樣的廣譜殺蟲劑被窄譜殺蟲劑所取代，而後者的毒性甚至更強，同時也未得到充分測試，帶來的風險比前者有過之而無不及。

總體看來，殺蟲劑工業的強硬派成功地推遲了《寂靜的春天》中呼籲的保護性措施的實施。國會多年來對這一工業的縱容令人震驚。管理殺蟲劑、殺菌劑和滅鼠劑的法規所制定的標準，比起食品和藥物的標準要寬鬆得多，而國會則有意使得這些標準更難執行。在制定殺蟲劑的安全標準時，政府考慮的不僅是它們的毒性，還會衡量它們能帶來的經濟利益。這種猶豫不決的立法程序提高了農業產量（這一點也可以透過其他方式實現），也提高了患上癌症和神經疾病的風險。此外，將一種有害殺蟲劑從市場上清除的過程通常需要五到十年。而新型殺蟲劑，哪怕它們毒性極強，只要它們比現有的殺蟲劑功效稍微強一點點就能獲得批准上市。

在我看來，這種管理不過是一種「久在低谷，連它都似乎在我之上」的狀態。目前的體制是浮士德式的交易——我們取得了短期利益，卻付出了巨大的長期代價。有理由相信，這一短期方法的收效確實非常短暫。許多殺蟲劑並未使得昆蟲總數下降；一開始或許做到了，但昆蟲最終透過突變適應了環境，這些化學物質就毫無用處可言。而且，我們將殺蟲劑影響的研究集中在成人而非兒童身上，但兒童更易受到這些化學物質的危害。我們單獨檢測了每一種殺蟲劑，但科學家幾乎還沒怎麼研究過它們的各種組合，而我們的田地、牧場和溪流更多面臨的則是各類物質混合的危險。本質上，我們所繼承的是一個充滿漏洞的法律系統，是被推遲的最後期限，是從表面看都幾乎無法掩飾的失敗政策。

瑞秋・卡森告訴我們，濫用殺蟲劑並不符合我們的基本價值觀；在最壞的情況下，它們能創造她所說的「死亡的河流」，而情況最好時，它們會因為幾乎不存在的長期收益而帶來溫和的危害。然而誠實地說，本書出版二十二年來，法律以及政治體系都未能做出充分回應。因為卡森不僅瞭解環境，她還瞭解完全不同於此的政治世界，她預料到了這種失敗的其中一個原因。當時幾乎沒有人談過特殊利益的金錢與勢力這一對孿生汙垢，她就在園林俱樂部的演講中談到了「試圖妨礙治療性法案的人們會有優勢」。她甚至還譴責了為遊說開支減免稅款的政策，而這為目前的政治改革埋下了伏筆，本屆政府正設法推翻該項政策，指出減稅「意味著，舉個具體的例子來說，現在，化學工業想要阻撓以後的立法需要付出的代價更低了……該行業希望不受法律限制行事的願望因為這一政策得到了補貼」。總而言之，她大膽預測了政治問題的存在。為了清理汙染，清理政治漏洞勢在必行。

一項工作的常年失敗可以解釋其他工作為什麼常年失敗。結果不可否認，同樣也讓人難以接受。一九九二年，我們國家使用了二十二億磅的殺蟲劑——不分男女老幼，平均每人八磅。其中許多已知有致癌作用；其他的則經由毒害昆蟲的神經和免疫系統產生作用，或許對人類也會有同樣作用。雖然我們不再使用某種家居產品來得到並不確定的好處——卡森這樣描述這種產品：「我們用這種產品給地板打蠟，保證可以殺死上面走過的任何蟲子」——但今天仍然有超過九十萬個農場和六千九百萬家庭在使用殺蟲劑。

一九八八年，環境保護署報告稱，全國三分之二的州的地下水都受到了七十四種不同農藥的汙染，其中包括草脫淨，一種被認定為可能致癌的物質。密西西比河流域的玉米地裡每年都要使用七百萬噸農藥，每年都有一百五十萬萬磅藥物殘留流入二千萬人的飲用水系統中。城市供水處理系統無法除去草脫淨；每年春天，水中草脫淨的含量通常都會超過安全飲用水法案中規定的標準。一九九三年，密西西比河流域二五％的地表水都超標。

DDT和多氯聯苯在美國都因為其他原因遭到了禁止，但是作為這類物質的化學表親，那些可類比雌性激素的殺蟲劑大量湧現並廣泛引發了新的問題。蘇格蘭、密西根、德國以及其他地方的研究表明這類物質會降低生育能力，引發睾丸和乳腺癌，造成生殖器官畸形。僅美國一國，在過去二十年中，隨著雌性激素殺蟲劑的興盛，睾丸癌的發病率上升了大約五〇％。也有證據表明，由於尚無法解釋的原因，在全世界範圍內精子數量最近下降了五〇％。白紙黑字的證據無可辯駁地證明了這類物質會擾亂野生動物的生育能力。三名研究者在評估了環境健康管理所期刊所發布的資料之後，得出結論稱：「今時今日，許多野生種群都處於危險之中。」諸多問題，或許預示著動物和人類繁殖系統將出現巨大且無法預估的變化。但目前，進行常規風險測評時卻未將這些殺蟲劑的潛在危害考慮在內。一項新的行政提案要求進行此類評估。

這些化學物質的維護者無疑會給出傳統的答覆：以人體為主體的研究並未表明這些物質和疾病之間有直接關係；巧合並不等同於因果關係（但是一些巧合明確指出，我們應當謹慎決定而草率行事）；還有這種陳詞濫調，說動物實驗並不能絕對說明人類就會有同樣的結果。上述的每一種回答都讓人想起化學工業及其資助的大學科學家對於瑞秋・卡森的著作做出的反射性回應。她預料到了此類回應，在《寂靜的春天》中寫道，公眾「（提出抗議時）只給他們一些遮遮掩掩的真相作為鎮定劑。我們急需結束這種虛假的保證，需要剝掉痛苦事實外表的那層糖衣。」

一九八〇年代，尤其是詹姆士・瓦特掌管內政部工作，戈薩奇主管環境保護署時，對環境的無知達到頂峰。汙染環境幾乎被認為是精明的經濟實用主義的標誌。在戈薩奇的環境保護署，用有害生物綜合治理（IPA）取代化學殺蟲劑的方法幾乎被掃地出門。環境保護署禁止發表相關研究，而有害生物綜合治理方法的認證也被宣布是非法的。

科林頓—高爾政府以新的視角和堅定的決心來改變殺蟲劑汙染的趨勢。我們的政策包括三項原則——更嚴格的標準、減少殺蟲劑使用、廣泛使用可替代性生物製劑。

當然，制定合理的殺蟲劑使用政策應當平衡危害與利益的輕重，並將經濟因素考慮在內。但我們同時也應充分考慮到這個範圍之外及這個方程之外的特殊利益。制定的標準應當明確嚴格，測試應當全面真實。過去許多年裡，我們為兒童設定的殺蟲劑殘留容許值比正當的量高出了數百倍。什麼樣的經濟利益能合理化這一事實的存在呢？我們需要檢測這些化學物質對兒童的影響，而非成人，而且我們要對大量不同化學物質的組合進行測試。我們的檢測不僅要減輕人們的擔心，更要減少人們需要擔心的事物的存在。

如果某種殺蟲劑沒有存在的必要或者在給定情況下無法生效，我們就當禁止它的使用，而非批准。它應當能帶來實實在在的利益，而不是可能會帶來短暫的或據推斷會帶來好處。

首先，我們應當專注於生物介質的使用，而工業和它的政治護衛者對此有著強烈的敵意。在《寂靜的春天》中，卡森寫道：「有非常多的方式可以替代對於昆蟲的化學控制。」而今天替代的方式更為廣泛，儘管許多官員對此毫不重視，而化學製造商也強烈抵制。我們為什麼不大力推廣無毒物質的使用呢？

最後，我們必須要著手搭建橋梁，彌合兩個派別間的文化溝壑——一邊是殺蟲劑生產和農業社群，另一邊是致力於公共健康的社群。這兩個社群的人來自不同背景，就讀於不同的大學，觀點也有巨大的差異。只要他們隔著懷疑與敵視的鴻溝相對峙，就很難改變現在生產利益與汙染緊密相連的體制。有一種方式可以看作這一系統行將結束——以及文化分歧開始減少的標誌，就是讓農業推廣管理局推廣化學管控的替代方法。另外一種方式是讓為我們生產食物的人和保護我們健康的人之間進行正式而持續的對話。

科林頓—高爾政府關於殺蟲劑的新政由許多人共同構建而成。或許其中最重要的就是這樣一位女性，她在政府機關最後的任職結束於一九五二年，她從中層公務員職位辭職以進行全職寫作，不用僅僅在周末和晚上寫作了。從精神上說，瑞秋・卡森出席了本屆政府召開的所有重要環境會議。我們可能無法一下子完成她想要實現的每一件事，但我們正朝著她所指引的方向前進。

一九九二年，一個由傑出美國人組成的委員會將《寂靜的春天》評選為過去五十年間最具影響力的書籍。這麼多年來，在所有的政治辯論中，這本書一直在不斷發聲，阻止我們沾沾自喜。它不僅讓工業和政府注意到了環境問題，還讓它進入了公眾的視野，讓民主本身成為拯救地球的擁護力量。消費者的力量將會越來越反對殺蟲劑汙染，哪怕政府沒有這麼做。減少食物中的殺蟲劑現在變成了一種市場行銷工具，也成為了道德準則。政府必須行動，但人民自己也可以決定——我相信，公眾不會讓政府再無所作為，也不會再讓政府行差踏錯。

瑞秋・卡森的影響遠遠超過了她在《寂靜的春天》一書中特別關注的領域。她帶我們回到了一個基本理念上——人類和自然環境之間的相互關係，而現代文明中這一觀點的缺失已經到了驚人的地步。這本書似一道光亮，第一次啟發了我們什麼才是這一時代最重要的事。在《寂靜的春天》一書中的最後幾頁，卡森用羅伯特・弗洛斯特關於「少有人走的」路的著名詩歌描述了我們面臨的選擇。已經有其他人走了這條路；卻很少有人像卡森一樣將全世界都領上這條路。她的成就，她揭露的真相，在她的啟發下進行的科學研究，不僅強有力地論證了人們應當限制殺蟲劑的使用，還有力地證明了個人能夠帶來的重大變化。

艾爾・高爾（美國前副總統）

目錄 CONTENTS

第一章

明日寓言

在不經意之間，一個恐怖的幽靈已經向我們襲來……

從前，在美國中部有一個小鎮，小鎮上的萬物和四周的環境融洽和諧。小鎮周圍的農場星羅棋布，生機勃勃，田裡種著穀物，山坡上果樹成林。春日裡，繁花盛開，似白雲朵朵在綠地上蹁躚輕舞。秋天時，橡樹、楓樹與樺樹林紅豔似火，搖曳的風姿與身後的松林相映成趣。狐狸在山間叫著，小鹿靜靜穿過田野，身影在秋日清晨的薄霧中若隱若現。

小路兩旁生長著月桂、莢蓮、榿木、茂盛的蕨草以及各色野花，在一年中的大多數時日裡，都令旅人賞心悅目。哪怕是冬日裡，路邊仍是一派美麗風景，數不清的鳥兒都來這覓食，啄食野莓與枯草在雪層上抽出的穗頭。這鄉野正是因為鳥類數量和種類的繁多而聞名，每到春秋天候鳥如洪潮般遷徙時，遊人便不遠千里慕名前來觀賞。也有人到溪邊垂釣，清冽的溪水自山澗流出，在綠蔭掩映處形成水潭，鱒魚棲息其間。許多年前，人們第一次在這裡定居，蓋房、打井、建起穀倉。在那之前，就一直是這幅景象。

然後一種奇怪的疫病開始蔓延，一切都開始變了。某種邪惡的咒語被施加到小鎮上：神祕的怪病席捲雞舍；牛羊逐漸病死。死亡的陰影籠罩著每一寸土地。農人們議論著家人的多病，小鎮上的醫生面對病人身上的新症狀也越來越困惑不解。開始出現猝然發生又毫無緣由的死亡，死者不只有大人，還有孩子，就在玩耍時突然病倒，不過幾個小時就死去了。

一切靜得出奇……

比方說，鳥兒都去哪了呢？許多人說著這件事，覺得困惑不安。後院鳥兒覓食的地方冷冷清清。偶爾能看見的幾隻鳥也已經奄奄一息；牠們劇烈地打著顫，飛也飛不起來。那是個萬籟俱寂的春天。知更鳥、貓鵲、鴿子、松雞、鷦鷯的合唱和其他鳥類的配樂聲曾撩動了春日的清晨，現在卻毫無聲響，只剩下沉寂籠罩在田野、樹林和沼澤地的上方。

母雞在農場上坐窩，卻不見孵出小雞。農人們抱怨再也養不活豬了——幼崽個頭小，小豬也活不了幾天。蘋果樹開花了，花叢中卻沒有蜜蜂嗡嗡的身影，因此沒有了授粉也就無法收穫果實。

小路兩旁曾經多麼迷人，現今兩邊的植被卻彷彿火災劫後，又焦又蔫。它們也是寂靜無聲的，因為被一切生命所遺棄。哪怕是溪流現在也沒有了生機。垂釣者不再光顧，因為魚兒都已死光。

屋簷下的簷槽裡和房頂的瓦片間，仍然能看到有種顆粒狀的白色粉末露出斑斑印跡；幾周之前，它們像雪花一樣落下，落在屋頂上、草坪上、田野裡和溪流中。

沒有什麼巫術，也不是什麼敵對行為阻礙了新生命的誕生，使得這個病怏怏的世界沉默不言，不過是人們的自作自受罷了。

這個小鎮其實並不存在，但在美國和世界上的其他地方卻很容易找到上千個這樣的地方。我知道沒有哪個地方曾經歷了我所描述的一切不幸。但其中每一種災難都真實發生過，許多現實中存在的地方已經蒙受過大量不幸。在不經意之間，一個恐怖的幽靈已經向我們襲來，這一想像中的悲劇很容易就會變成活生生的現實，為我們所周知。

是什麼靜默了無數美國城鎮的春之韻？這本書將試著給出解答。

第二章

人類共同承受的後果

化學農藥不應該叫「殺蟲劑」，而該叫「殺生劑」

地球上的生命史是生物與其周圍環境相互影響的歷史。地球上動植物的物理形式與生活習性在很大程度上是由環境塑造的。而另一方面，在地球的整個生命中，生物對於環境的影響則微乎其微。只有在以本世紀為代表的這段時間內，才有一個物種——人類——有改變他周圍環境異常的能力。

過去的二、三十年中，這種能力不僅發展到了令人不安的地步，在質上也起了變化。在人類對於環境的種種破壞行為中，最令人擔憂的就是他們用危險的甚至是致命的物質汙染了空氣、土壤、河流與海洋。這種汙染大部分都是無法挽回的；汙染在生物的生存環境以及活體組織中形成了有害的生物鏈，其中大部分是不可逆轉的。現今全世界對於環境的汙染中，化學藥物與輻射共同作用，改變了世界的本質，改變了地球上生命的本質。化學藥物凶險異常，人們卻很少認識到它的危害性。鍶90（為核分裂的產物，出現於核廢料中，在人體中易累積於骨骼中，可誘發骨癌）會隨著核爆炸釋放到空氣中，隨著雨水進入土壤或成為原子塵飄降，寄居在土壤中，滲透到長在土壤中的青草、玉米與麥子中，並終將在人類的骨骼中佔據一席之地，直到寄主死亡。與之類似，噴灑在耕地、森林以及花園中的化學藥物也會長時間地停留在土壤中，進入生物體內，依次傳輸到其他生物體內，造成汙染並形成死亡之鏈。它們或許會隨著地下水源悄悄流淌，而後因為陽光與空氣的神奇作用，組合成新的形式重新出現，殺死植物，病倒牲畜，讓井水不再純淨，對喝水人施加不明的危害。阿爾伯特・史懷哲說過：「**人類甚至無法認**

出自己一手創造的惡魔。」

經過數億年的時間，地球才孕育出生命——在萬古的時光裡，生命不斷演變、進化、多元發展才得以適應環境，維持平衡。環境中同時包含著有害的以及有利的元素，嚴苛地指導及塑造它所供養的生命。某些因素會釋放出危險的輻射；哪怕是萬物都需要從中汲取能量的陽光，也仍然包含一些具有危害的短波輻射。在給定的時間裡——不是以年記而是在數百萬年的時間裡——萬物經過調整，達到平衡。時間是必需的原料；但在現代世界裡卻沒有足夠的時間進行調整。

變化急遽發生，新情況快速湧現，這些都和人們衝動又魯莽的步伐保持一致，而不是依據自然從容的節奏。輻射不僅僅來源於岩石的背景輻射、宇宙射線的猛烈攻擊以及陽光中的紫外線，這些輻射在地球上生命出現之前就已存在；現在的輻射源自人們擺弄原子所創造的反常產物。生物需要適應的化學物質不僅包括鈣、矽、銅以及從岩石中沖刷而成並隨溪流匯入大海的其他礦物質；還包括人類富有創造力的大腦構思出並在實驗室裡釀造而生的產物，自然界中都沒有與之類似的存在。

適應這些化學物質需要的時間要以自然的時間為度量；需要的不是一代人，而是幾代人的時間。而且除非奇蹟出現，哪怕幾輩子的時間也會沒有結果，因為我們的實驗室在源源不斷地產出這種新型化學物質；僅美國每年就有近五百種投入使用。這個數字非常驚人，而其背後的意味也難以預料——人類與動物每年需要適應五百種新型化學物質，這些化學物質完全超出了生命的體驗範疇。

其中有很多都用於人類與自然的戰爭中。從一九四〇年代中期，人類已經發明了二百多種基礎化學物質用於殺蟲、除草、滅鼠以及滅除現代語言所稱的「害蟲」；每一種又有數千種不同品牌在販售。

現在幾乎全世界都把這些噴霧劑、粉劑、氣霧劑用在農場裡、花園裡、森林裡還有家裡——這些非選擇性的化學藥劑能殺死每一隻昆蟲，無論是「益」蟲還是「害」蟲，它們讓鳥兒無法歌唱，讓溪中魚群無法跳躍，它們給樹葉裹上了一層致命的薄膜，並長期滯留在土壤中——而這一切最初的目的卻只是想除去幾株雜草、殺死幾隻昆蟲。怎麼會有人認為在地球表面施加大量毒藥它卻仍能適合所有生命存活呢？它們不應該叫「殺蟲劑」，而該叫「殺生劑」。

噴藥的過程似乎陷入了無休止上升的螺旋中。自從DDT被放開用於民用，情況就不斷升級，人們需要不斷發明毒性更強的物質。這一情況的出現是因為昆蟲洋洋得意地印證了達爾文適者生存的理論，進化出的超級物種對於現有殺蟲劑免疫，於是人們不得不發明出致命性更強的物質——再接著發明比前一種毒性更強的。此外，在噴灑了藥物之後，害蟲們經常出現「回火」或者死灰復燃的情況，數量比噴藥之前還要多。因此，這場化學戰爭從來不曾獲得勝利，還讓所有的生命都因這熊熊戰火而苦不堪言。

人類有可能因為核戰爭而滅亡，與之類似，我們這個年代最主要的問題就是這類物質對於人類生存環境的汙染——這類物質危害巨大，會在動植物體內聚積，甚至會滲透到生殖細胞內，粉碎或改變決定生物後代形態的遺傳物質。

一些自稱人類未來建造師的人期待有一天能夠自如改變人類的遺傳物質。但我們現在因為疏忽就已經在這麼做了，因為許多像輻射物一樣的化學物質，會造成基因突變。選哪種殺蟲劑這麼小的事可能就決定了人類的未來，想到這裡真是覺得何其諷刺。

我們冒著這麼大的險——是為了什麼？以後的歷史學家可能會被我們本末倒置的想法所震驚。作為有智慧的生命，怎麼會為了控制幾種惹人嫌的物種就去汙染整個環境並且讓自身陷入疫病和死亡的危險中？然而我們正是這麼做的。而且如果仔細想想，我們這麼做的原因根本站不住腳。人們說為了維持農業生產，有必要大量使用殺蟲劑。但是我們真正的問題難道不是過度生產的問題？雖然我們已經採取相應措施，減少耕地面積，獎勵不種地的農民，但收成還是驚人的富餘。僅一九六二年一年，美國的納稅人就不得不拿出超過十億美元來儲存過剩的糧食。雖然農業部的某個部門想要降低產量，但卻有其他的部門重申其一九五八年的言論，稱「人們相信，按照土地休耕保護計畫的規定減少耕地面積後，一定會刺激人們加大對化學藥物的使用，以保證剩餘耕地的產量最大化」，這只會令情況更加嚴峻。

上文所言並不是說不存在害蟲的問題，也不是說不需要對其進行控制。我想表明的是，管控方式要與現實而非虛構出的情形保持一致，採用的方法不應當會把我們和昆蟲一起消滅才行。

這個問題是我們現代生活方式的產物，但我們試圖解決這一問題時卻在一開始就引發了一連串的災難。早在人類出現之前，昆蟲就已在地球上安居，其種類之繁多、適應能力之強均十分驚人。人類出現之後的日子裡，這五十多萬種昆蟲中有一小部分和人類的利益起了衝突，主要以兩種方式：與人類爭奪食物和傳播疾病。

在人群聚集之處，傳播疾病的昆蟲就成為了嚴重的問題，尤其是在衛生條件較差的情況下，比如遭遇自然災害、戰爭爆發或處於極度貧窮匱乏之中。這時就有必要對某些物種加以控制了。然而我們不久就將看到這一讓人清醒的事實：大規模化學防治的方法收效甚微，甚至有可能讓情況更加嚴峻。

在原始農業生產中，人們很少會遇到昆蟲問題。這一問題的出現源自農業的精細化生產，也就是將大量耕地用於單一作物的生產。這種生產方式使得某一種昆蟲的數量出現爆炸式增長。單一耕種法並不符合自然運作的法則；這大概是一種工程師設想出的農耕方式。自然孕育了多樣的物種，但人們卻執著於簡化這一多樣性。於是，他們破壞了自然用於掌控物種的內部制衡。自然的一種重要控制手段，就是限制了適宜每一種物種生息繁衍的範圍。顯然，專門種植小麥的農場和混植各種作物的農場相比，前者以小麥為食的昆蟲數量會多得多，因為後者並非牠們的宜居之地。

這種情況並非個例。十幾年前，美國大部分的城鎮都在街道兩旁種上了高大的榆樹。人們期許看到的美景現在卻有被某種甲蟲毀之殆盡的危險，而如果植物的種類豐富，除了榆樹還有其他種類，這種甲蟲能夠大量繁衍並且在樹與樹之間傳播的可能性肯定非常有限。

現代昆蟲問題的另外一個因素則需要從地質學及人類歷史的背景上進行考慮：成千上萬種生物從原籍遷徙擴散，入侵新的疆域。英國生態學家查爾斯・艾爾頓在其新近出版的《生態入侵》一書中研究並繪聲繪色地描述了這種世界範圍內的遷徙。幾百萬年前的白堊紀中，氾濫的洋流切斷了許多大陸之間的大陸橋，生物被禁錮於艾爾頓所稱的「巨大的隔斷的自然保護區」內。在這些區域內，牠們與其他種屬相隔，進化出許多新的物種。大約一千五百萬年前，一些大陸塊重新連接在一起，這些物種開始遷徙至新的疆土——而這種遷徙現在仍在進行中，並且從人類那裡得到了大量幫助。

植物的引進是現代物種傳播的主要介質，因為動物幾乎總是要依附於植物，而檢疫方法出現的時間相對較短，效果也不絕對。僅美國植物引進局一年就從世界各地引入約二十萬種植物。在美國約一百八十種有害昆蟲中，近一半是出於偶然從國外引入的，且大部分都是搭了植物的便車而來。

在其新的領土上，由於沒有自然天敵的約束，也因此失去了對其數量的控制，這種入侵的動物或植物就能夠大範圍擴張。所以最令人頭疼的害蟲大部分都是舶來物種也就絕非出於偶然。

此類入侵，無論是因為自然原因還是借助於人類協助而實現的，可能都會無限延續。檢疫和大規模的化學戰役不過是花大價錢購買時間而已。艾爾頓博士說，我們面臨著「生死攸關的問題，不只是尋求新的科技手段來控制這種植物或者那種動物」，而是更需要瞭解有關動物習性、動物與周圍環境的關係等基本知識，這樣才能「促進平衡，抑制動植物大面積爆發時的威力，有效應對新型入侵」。

我們可以經由很多管道獲取這些必需的知識，但是我們卻不去用。我們在大學裡培養生態學家，甚至把他們聘進政府部門，卻幾乎從不聽取他們的意見。我們任由充滿化學物質的死亡之雨落下，好像我們別無選擇，而事實上如果有機會的話，只要我們開動腦筋，很快就能想出很多其他辦法。

我們是不是被人施了催眠術，好像失去了追求好東西的意志與遠見，只能把那些差的有害東西當成是不可避免的選擇去接受？生態學家保羅・謝帕德說這種想法「把生活理想化了，只看到水上探出的頭，只看到了環境惡化底線上方的數寸……我們為什麼要容忍含有慢性毒藥的餐食，為什麼要容忍這種生活：房子坐落在一個枯燥的環境中，周圍的人不算是敵人卻也不過是點頭之交，外面摩托車的嘈雜聲卻也剛好不至於讓人發瘋？誰想要生活在一個只是剛剛不太致命的世界裡？」

然而這樣的世界正向我們逼近。用化學藥物創造一個無蟲世界的運動似乎激發了許多專家以及所謂防控機構的狂熱。方方面面的證據都表明那些投身於滅蟲運動中的人們殘忍地行使著他們的權力。

「那些負責的昆蟲學家同時扮演著迫害者、法官與陪審團、估稅員與徵稅員以及執行自己命令的警察局長的角色」，康乃狄克州的昆蟲學者尼利・特納如是說。無論是州政府還是聯邦政府的各個機構中，都有一些人在明目張膽橫行無阻地為此放行。

我並不是說絕不能使用殺蟲劑。我想要指出的是，我們把這些化學藥劑一股腦地交到了那些幾乎完全不懂的人手中，這些有毒的藥劑有著極強的殺傷力，這些人卻並不瞭解它們潛在的危害。我們在未經人民允許，甚至通常在他們毫不知情的情況下，把無數人暴露在這些毒素中，如果人權法案中沒有一條規定保障公民有不受個人或公職人員投放致命性毒藥危害的權利，那一定是因為我們的祖先儘管擁有非凡的智慧與遠見，卻仍未想到會有這樣的問題。

除此之外，我想指出的是，我們任由人們使用這些化學藥劑，卻很少提前研究它們對土壤、水、野生動植物以及人類自身的影響。所有生物都依賴自然界生存，而我們不慎重考慮自然界完整性的這種行為，很可能不會被子孫後代所原諒。

現在仍然很少有人意識到這種危害的性質。

這是一個專家的時代，每一個專家都只看到自己的問題，卻意識不到或者不去包容這個問題所處的大框架。這還是一個工業主導的時代，只要能掙一塊錢，無論付出什麼代價都是合情合理的。公眾清楚地看到有證據表明殺蟲劑的使用帶來了危害，因而為此進行抗議時，人們就塞給他們一丁點半真半假的消息當鎮定劑。我們迫切地需要中止這種虛假的保證，拒絕裹在難堪事實外部的糖衣。

昆蟲治理者造成的風險最終是要由公眾來承擔的。必須要由公眾去決定他們是否願意繼續當前的道路，而只有在他們獲知了全部事實的情況下，才能夠做出上述決定。如同讓・羅斯丹所說：「既然我們不得不忍受，我們就當有知情權。」

一第三章一

死神的特效藥

農藥危害帶來的傷害等同於輻射汙染

現在每一個人都暴露在危險的化學藥品中，從孕育的那一刻起直到死亡，這是人類歷史上的第一次。投入使用不過不到二十年，這些合成殺蟲劑卻已經徹底遍布生物和非生物界，差不多到處都有它們的蹤跡。大部分的主要河流水系甚至在人們看不見的地下水逕流中，都可以提煉出此類化學物質。十幾年前撒下的化學物仍然殘留在土壤中。它們進入魚類、鳥類、爬行動物、家養及野生動物的體內並在此寄居，動物們無一漏網，科學家進行動物實驗時甚至無法找到未被汙染的個體。深山湖泊的魚體內，土壤裡打洞的蚯蚓體內，鳥蛋裡，還有人類自己體內，都有這種物質。無論老幼，大部分人體內都儲存著這類物質。它們出現在母親的乳汁裡，或許出現在未出生嬰兒的體內。

而這一切出現的原因就是具有殺蟲功能的合成化學藥劑製造業的急速發展 。這一行業是第二次世界大戰的產物。在為化學戰爭研發藥劑時，人們發現實驗室裡產生的一些化學藥品可以殺死昆蟲。這一發現並非偶然：昆蟲被廣泛用於實驗中，以檢測種種化學藥品的致死性。

合成殺蟲劑似乎在源源不斷地產出，才造就了這一後果。這些殺蟲劑是人工合成的——在實驗室裡人們別出心裁地篡改分子結構，替代原有的原子，改變它們的排列——它們與二戰前人們使用的那種簡單形式的殺蟲劑可大不相同。那時的殺蟲劑是從自然界中的礦物質和植物中提取的，是砷、銅、錳、鋅以及其他礦物質，加上從乾菊花中提取的除蟲菊、從菸草中提取的硫酸菸鹼和從東印度群島的豆科植物中提取的魚藤酮混合而成。

這種新型合成殺蟲劑的「過人之處」是其巨大的生物效能。它們威力巨大，不只是毒性強，而且由於它們可以進入生物體內最重要的生命活動過程，並且改變這一過程，通常會造成危害甚至致命的後果。我們在後面將會看到，它們會破壞保護機體不受損害的酶類物質，阻礙機體獲取能量的氧化過程，使各器官無法正常發揮其功能，還可能在某些細胞內引發緩慢卻不可逆轉的變化，最終形成惡性腫瘤。

然而這一名單表上每年都會增添毒性更強的新成員，使用方法也不斷更新，所以幾乎全世界都暴露在這些物質中。美國合成殺蟲劑的產量從一九四七年的一・二四二五九億磅飆升至一九六〇年的六・三七六六六億——是原來的五倍還要多。這些產品的批發銷售額遠遠超過二・五億美元。但是從這一產業的計畫與願景來看，這種大規模的生產才只是個開始。所以有本殺蟲劑名冊錄對於我們所有人來說都是息息相關的。如果我們要和這些化學物質親密相處——吃它們、喝它們、把它們帶進每一寸骨頭裡——我們最好要瞭解它們的屬性和威力。

雖然二戰標誌著無機化學藥品退出殺蟲劑舞臺，進入了碳分子組成的奇妙世界，但仍有一些舊型物質在繼續使用。其中最主要的是砷，它仍然是許多不同種類的除草劑和殺蟲劑的主要成分。砷是一種毒性極強的礦物質，大多數都出現在各類金屬的原礦石中，還有非常少的一部分出現在火山、海洋與溫泉中。它們與人類有各種各樣的關係，而且由來已久。由於大部分砷的合成物沒有味道，遠在波吉亞時代之前直到今天，它一直都是殺人者所鍾愛的毒藥。現今砷存在於煙囪的煤煙中，並且和某些芳香羥一起被認為是煤煙中的致癌物質，這是在近兩個世紀前由一位英國物理學家發現的。歷史上也有整個種群都長期陷入慢性砷中毒的事件。被砷汙染的環境也會引起馬、牛、山羊、豬、鹿、魚以及蜜蜂的疾病與死亡；儘管有此類記載，含砷的噴霧劑和粉劑仍然得到了廣泛使用。在美國南部種植棉花的村子裡，由於使用含砷噴霧劑，養蜂業幾乎滅絕。長期使用含砷粉劑的農民受到慢性砷中毒的折磨，牲畜也因為使用含有砷的農藥噴霧劑和除草劑中毒。不斷飄蕩的砷粉塵從藍莓田裡擴散到鄰近的農場上，汙染了溪流，毒死了蜜蜂和奶牛，人們也因此患病。「我國近年來在砷使用問題上對公眾健康的無視，簡直不能比這更徹底了」，全國防癌協會的惠帕博士如是說，他是環境致癌領域的權威，他說：「任何一個看過噴灑含砷殺蟲粉劑和霧劑作業的人都會覺得觸目驚心，因為他們以極其馬虎的態度就把這種有毒的物質草草噴灑完畢。」

現代殺蟲劑的毒性更強。大部分殺蟲劑都屬於以下兩種。其中一種以DDT為代表，屬於「氯化烴類」。另外一類包括有機磷殺蟲劑，以相當出名的馬拉硫磷和對硫磷為代表。這些化學藥品有一個共同點。如上文所述，它們的構造都以碳原子為基礎，而碳原子是生物界不可或缺的構建基石，因此被劃分為「有機」類。為了便於理解，我們需要研究它們由什麼組成，它們又是如何從生命的基礎化學物質被改造成死亡使者。其中的基本元素是碳，碳的原子幾乎有無限的能力，可以在化學鏈和化學環上彼此結合，而且可以和其他物質的原子相連接。事實上，生物之所以有從細菌到大藍鯨這種多樣性就是由於碳的這種能力。複雜的蛋白質分子以碳原子為基礎，而脂肪、糖類、酶以及維生素的分子也是如此。同樣的，許多無生命的物體也是以碳原子為基礎，因此碳元素並不一定是生命的象徵。

一些有機化合物就只有碳和氫組成。其中最簡單的形式是甲烷，或稱為沼氣，由有機體在水下進行細菌分解而成。甲烷和一定數量的空氣混合後，就會形成可怕的煤礦「瓦斯」。它的結構簡單美好，一個碳原子的四周連接著四個氫原子。

化學家們發現可以分離其中一個或全部氫原子並用其他元素進行替換。比如說，將其中一個氫原子替換成氯原子，我們就能得到氯甲烷；

剝離三個氫原子並用氯代替，我們就能得到用於麻醉的三氯甲烷；

將所有的氫原子都用氯原子替換，得到的就是四氯化碳，一種常見的清洗液。

上述這些對甲烷分子做出的變化以最簡單的形式說明了氯化烴是什麼。但這些例子無法闡釋烴類世界的複雜，也無法說明有機化學家如何用複雜的手段創造了多得沒有窮盡的物質。因為不像是簡單的甲烷分子只有一個碳原子一樣，化學家面對的可能是有很多碳原子的烴分子，排列成環狀或是鏈狀，還有側鏈或者其他分支，裡面包含的化學鍵不僅僅是簡單的氫原子或氯原子，還有許多不同種類的化學基團。看起來只是稍做改動，物質的屬性就完全變了；比如說，碳原子周圍連結的內容以及連結的位置都非常重要。在這種精妙的操控下，已經生產出一系列具有非凡威力的毒藥。ＤＤＴ是雙對氯苯基三氯乙烷的簡稱，由一位德國化學家於一八七四年首次合成，但直到一九三九年才發現了其可以作為殺蟲劑使用。ＤＤＴ幾乎立刻就被譽為撲滅昆蟲傳染病的好方法，它在一夜之間就幫助農民贏得了消滅農作物害蟲的戰爭。而ＤＤＴ的發現者，瑞士的保羅・穆勒獲得了諾貝爾獎。

ＤＤＴ現在得到了廣泛的使用，使得大多數人都以為這個老朋友毫無惡意。ＤＤＴ沒有害處這個神話可能是由於其最初用於戰爭時期，成千上萬的士兵、難民以及犯人用ＤＤＴ的粉劑來撲殺跳蚤。人們普遍認為，既然這麼多人都和ＤＤＴ進行了如此親密的接觸而沒有立刻出現不良症狀，那麼這種化學藥物肯定是無害的。人們這種錯誤想法是可以理解的，因為ＤＤＴ和其他氯化烴不同，粉狀的ＤＤＴ不容易被皮膚吸收。但是溶於油後，ＤＤＴ就顯露了其有毒的本質。如果被吞食，ＤＤＴ會慢慢地被消化道所吸收；還有可能被肺吸收。進入體內之後，它就會大量儲存在富含脂肪的器官裡（因為ＤＤＴ本身是脂溶性的），比如腎上腺、睾丸、甲狀腺等器官中。其次會儲存於肝、腎以及大面積包裹在腸子周圍保護性腸繫膜的脂肪中。

ＤＤＴ的儲存一開始只是可以想到的最小攝入量（通常以化學殘留的形式出現在大部分食物中），但這一過程不斷持續，直到達到了相當高的水準。富含脂肪的儲存庫如同生物放大鏡一般，食物中攝入了千萬分之一的ＤＤＴ會導致百萬分之十到十五的儲存量，增加了一百倍甚至更多。這些參考資料，對於化學家和藥劑學家來說耳熟能詳，但卻不為我們大多數人熟知。

百萬分之一聽起來非常少——也確實是這樣，但是這種物質威力太大，非常微小的劑量都能給身體帶來巨大的變化。在動物試驗中，百萬分之三的劑量就會抑制心肌中一種重要的酶的作用；僅僅百萬分之五的劑量就會造成肝臟細胞壞死或分解；而對和DDT密切相關的兩種化學藥物——地特靈和氯丹——而言，僅需百萬分之二點五的量就能達到同樣的效果。這一點都不讓人覺得吃驚。在人體的正常化學作用中，因果關係就是會有如此天差地別的效果。比如，〇・〇〇〇〇二克這麼少的碘，就是健康與疾病之間的分水嶺，由於殺蟲劑在體內不斷累積，同時排出非常緩慢，就真的會有可能造成慢性中毒並使肝臟及其他器官出現退行性病變。

科學家就人體內能貯存多少DDT持不同意見。

阿諾德・雷曼博士是食品與藥物管理局的首席藥理學家，他認為DDT的吸收既沒有最低限度，也沒有高於此就會停止吸收與儲存的最高限度。但另一方面，美國公共醫療服務中心的威蘭德・海耶斯博士主張每個個體都有自己的平衡點，超過這一平衡點的DDT就會被排出。實際上，評判這兩個人誰對誰錯並不重要。人們已經對DDT在人體中的儲存進行了深入研究，我們已經知道普通人現在體內的含量都可能會帶來危害。各類不同的研究都表明，未明確暴露於（不可避免地從食物中攝入除外）DDT的個體平均儲量為百萬分之五點三至七點四；農業從業人員為百萬分之十七點一；而殺蟲劑相關行業的工作人員的儲存量則高達百萬分之六百四十八！這說明已經證明了的儲量範圍是相當寬廣的，而更重要的是，其中最低的數值已經超過了會對肝臟及其他器官組織造成損害的水準。而ＤＤＴ及其同類物質最凶險的一個特點就是：它們會沿著食物鏈的所有環節傳遞，從一種生物體擴散到另一種。比如說，苜蓿花田裡撒了ＤＤＴ；之後用這些苜蓿花做成飼料餵養母雞；母雞產下的蛋裡就包含了ＤＤＴ。乾草中ＤＤＴ的含量為百萬分之七到八，它們或許會用來餵飼奶牛。牛奶中就含有了百萬分之三的ＤＤＴ，由這種牛奶製成的黃油中ＤＤＴ可能濃縮到了百萬分之六十五。透過這樣的轉移過程，起初或許非常微量的ＤＤＴ最後濃縮到了很高的濃度。

農民們發現現在已經很難找到未受汙染的草料來餵奶牛了，雖然食品與藥物管理局禁止含有殺蟲劑殘留的牛奶在州際貿易中流通。

毒素也可能在母嬰之間傳播。食品與藥物管理局對人類母乳進行採樣檢測，發現了殺蟲劑的殘留。這意味著母乳餵養的人類嬰兒除了其體內已經儲存的有毒化學物質外，還在持續接受小劑量的毒素。然而這絕非他第一次暴露在毒素中：我們有理由相信當他還在子宮裡時，這一過程就已經開始了。在動物實驗中，氯化烴類殺蟲劑隨心所欲地穿過胎盤的屏障，而人們習慣認為胎盤是將子宮與母體內有害物質隔絕開的保護盾。雖然人類嬰兒攝入的量通常都很小，但卻不是無關緊要的，因為嬰兒相較於成人更容易受到毒素影響。這種情況也意味著，如今普通人一出生，體內就有一定數量的化學藥物儲存，並且會與日俱增，而他的身體從此以後卻不得不支撐著這一重擔。

上述種種事實——DDT的含量即使很低也會在人體內儲存，後續會不斷累積，日常飲食中很容易就能達到可以損傷肝臟的量——使得食品與藥物管理局的科學家早在一九五〇年就宣布「DDT的潛在危害極有可能被低估了」。醫學史上未曾出現過類似情況。沒有人知道最終的結果會是如何。

氯丹是另外一種氯化烴，除了和DDT一樣具有這些令人討厭的屬性外，還有自己獨有的特性。氯丹的殘留物會長久地停留在土壤中、食物上以及任何使用了氯丹的物體表面。氯丹會利用所有可能的入口進入體內。它可以被皮膚吸收，作為噴霧或者粉塵被吸入體內，當然如果殘留物被吞下後也會被消化道吸收。和其他氯化烴一樣，它在體內的儲存量也會逐漸累積。在動物實驗中，如果牠們的飲食中僅包含百萬分之二點五的氯丹，其脂肪中最終卻可能形成高達百萬分之七十五的儲存。

像雷曼博士一樣經驗豐富的藥理學家曾經在一九五〇年稱氯丹是「毒性最強的殺蟲劑之一——任何曾經接觸的人都會受到毒害」。看看郊區居民都是如何漫不經心地用氯丹粉劑處理草坪的，就能知道人們並沒有把這個警告放在心裡。郊區居民並未因此立即病倒的事實說明不了什麼問題，因為毒素會在其體內長期潛伏，經年累月後才會顯示出讓人不解的症狀，那時想要追溯其根源幾乎是不可能的。但在一些情況下，死亡卻來得很快。一名受害者不小心將二五%的工業用溶液灑到了皮膚上，四十分鐘內就出現了中毒的症狀，沒來得及得到醫療救助就死了。這種情況是無法提前發現、有所警覺，從而能及時得到醫治的。

七氯是氯丹的成分之一，它本身也作為一種單獨的藥劑出售。它在脂肪中的儲存量尤其高。如果食物中七氯的量僅為百萬分之一，體內就會儲存相當可觀的量。它還有一種古怪的本領，能轉變成一種完全不同的化學物質——環氧七氯。在土壤中以及動植物的組織中，它都會進行這種轉變。在鳥類身上進行的實驗表明七氯轉變後生成的物質比原來的毒性更強，毒性為氯丹的四倍。

早在一八三〇年代中期，人們就發現一種特殊的烴類——氯化萘會導致那些因為職業原因暴露在這種環境中的人形成肝炎以及一種罕見卻幾乎總是致命的肝病。它們也造成電氣業工人的生病和死亡；再近一點，在農業生產中，牛群中有一種神祕且通常致命的疾病也被認為是由它們引發的。有這種例子在前，在所有烴類中，毒性最凶猛的三種殺蟲劑都和這種藥物有關這一事實也就不足為奇了。它們分別是地特靈、阿特靈和安特靈。地特靈是根據一位德國化學家狄爾思來命名的，被吞服時它的毒性是DDT的五倍，但以溶液形式被皮膚吸收時，毒性則是DDT的四十倍。它還以毒性發作快而出名，它對神經系統的影響非常可怕，會讓受害者陷入驚厥狀態。中毒者恢復極慢，會表現出慢性效應。和其他氯化烴類似，此類長期效應包括對於肝臟的嚴重損害。由於其留存時間長，殺蟲效果好，地特靈是目前最常使用的殺蟲劑之一，儘管使用之後會對野生生命造成駭人的毀滅。在鵪鶉和野雞身上進行的測試表明，地特靈的毒性約為ＤＤＴ的四十到五十倍。

關於地特靈在體內如何儲存、分布以及排出，這方面的知識仍然有大片空白，因為化學家在發明殺蟲劑這方面的創造力早就把生物學上關於此類毒素對生物體有什麼影響的知識甩在了後面。然而，各種跡象都表明它們可以在人體內長期儲存，沉積物會像休眠的火山一樣蟄伏，在出現應激情況，需要從脂肪儲備中汲取力量時才突然爆發。我們目前瞭解的大部分知識都來自於世界衛生組織進行抗瘧疾戰役時的艱難經歷。在瘧疾防治工作中，將一把ＤＤＴ替換成地特靈（因為傳播瘧疾的蚊子已經對ＤＤＴ產生了抗藥性），在藥物噴灑者中就出現了中毒現象。病情發作得很厲害——至少一半甚至全部（因為專案不同而有所不同）受到影響的人員都出現了抽搐現象，還有一些人因此死亡。有些人在最後一次接觸地特靈之後四個月後都還會出現驚厥現象。

阿特靈帶著點神祕氣息，雖然作為獨立實體存在，它與地特靈卻是至交密友。從噴灑了阿特靈的土地上拔下來的胡蘿蔔裡能發現地特靈的殘留。這種轉變在生物組織中和土壤裡上演。這種像鍊金術一般的轉換，使得許多報告都出現了錯誤，因為如果一個化學家知道人們使用了阿特靈並進行阿特靈檢測，他會誤以為所有的殘留物都被分解了。而殘留還在，只是轉化成了地特靈，這就需要另外一種檢測了。

和地特靈一樣，阿特靈的毒性也非常強。它會使肝臟和腎臟出現退行性變化。像一片阿司匹林那麼大小的量就足以殺死四百多隻鵪鶉。文獻中有許多人類中毒的案例，其中大部分都和工業處理有關。

阿特靈，像大多數同類的殺蟲劑一樣，向未來投射出一個邪惡的影子，一個不孕症的陰影。野雞服用小劑量的阿特靈後，雖不致命，但牠們卻幾乎無法下蛋，孵出的小雞也很快就夭折。這種效力不僅限於鳥類。暴露在阿特靈中的鼠類妊娠減少，幼仔虛弱又短命。處理過的母狗產下的小狗只能活不到三天。下一代都以各種各樣的方式因為其父母所受的毒害而飽受折磨。沒人知道人類是否也會出現相同的情況，但這種化學藥劑卻已經被飛機噴灑到近郊以及農田裡了。在所有氯化烴類物質中，阿特靈的毒性最強。雖然它在化學性質上和地特靈聯繫極為緊密，但是其分子結構上的一點點改變就使其毒性增強了十四倍。而這一類殺蟲劑的鼻祖，DDT，和它相比幾乎都算無害的了。阿特靈對哺乳動物的毒性是DDT的十五倍，對魚類的毒性是DDT的三十倍，而對於某些鳥類則約為三百倍。在阿特靈得到使用的十年中，它殺死了大量的魚類，其毒性給那些誤入噴了藥的果園的牛群帶去了致命的效果，它讓井水變得有毒，並促使不止一個州的衛生部門嚴厲警告稱草率地使用阿特靈會危害人類的生命。

在一起最不幸的阿特靈中毒案例中，並沒有任何明顯的疏忽，人們認為自己顯然做出了足夠多的努力來進行預防措施。一個一歲大的孩子被父母從美國帶到委內瑞拉居住。他們新搬的房子裡有蟑螂，幾天之後他們使用了含有阿特靈的噴霧來消滅蟑螂。在噴藥之前，大約上午九點的時候，他們把這個嬰兒和家裡的小狗帶到外面。噴藥之後還擦拭了地板。下午三點左右，他們把小嬰兒和小狗送回了家裡。大概一個小時之後，小狗開始嘔吐，出現抽搐現象，然後就死去了。當天晚上十點，這個嬰兒也出現了嘔吐、抽搐的情況，並失去意識。在和阿特靈進行了致命的接觸之後，這個正常健康的小孩變得不比植物人強多少——看不見也聽不見，時常出現肌肉痙攣，幾乎完全和他周圍的環境相隔絕。在紐約的一家醫院進行了數月的治療後，也無法改變他的情況，沒有任何好轉的希望。他的主治醫師說：「很有可能不會出現任何好的改變或者恢復了。」

殺蟲劑中的第二大類是烷基或稱為有機磷酸鹽，這是世界上最毒的化學物質中的一種。它們的使用帶來的最主要也最明顯的危害，是他們會導致噴霧作業人員以及偶然與飄浮的噴霧、裹著殺蟲劑的蔬菜和廢棄的容器發生接觸的人員急性中毒。在佛羅里達，有兩個孩子找到了一個空袋子，用它來修整鞦韆。沒多久，兩個人都死了，還有三個小夥伴也病了。那個袋子之前裝了一種叫作對硫磷的殺蟲劑，一種有機磷酸鹽；檢測表明是對硫磷中毒引起了死亡。還有一個案例，威斯康辛州的兩個小男孩在同一天晚上死去，他們是表兄弟。其中一個正在院子裡玩，隔壁農場上他爸爸在給馬鈴薯噴灑對硫磷時，噴霧就飄了過來；另外一個則是追著爸爸玩鬧進了穀倉，手摸到了噴霧器的噴嘴。

這類殺蟲劑的起源有種諷刺意義。雖然其中一些化學製劑——有機磷酸酯——在許多年前就為人們所知道，但直到一九三〇年代末期一個德國化學家格哈德·施拉德才發現了其殺蟲的作用。德國政府幾乎立刻意識到這種化學製劑的價值，它們可以作為人類戰爭中的新型破壞性武器，當時針對它們進行的工作是祕密的。這些化學合成物一些被用作致命性神經瓦斯，另外一些結構與其相似的化學製劑，則被用作殺蟲劑。

有機磷殺蟲劑以一種獨特的方式作用於生物體上。它們可以破壞酶——而酶在體內有著重要的功能。它們的目標是神經系統，無論受害者是昆蟲還是溫血動物。正常情況下，神經衝動在一種名為乙醯膽鹼的「化學遞質」的協助下從一條神經傳遞到另一條神經，這種物質履行了其必要的功能後就會消失。事實上，這種物質存在的時間非常短暫，醫學研究者如果不借助特殊的程序，就沒有辦法在生物體毀壞它之前對其進行取樣。這種化學遞質瞬間消失的性質對於生物體的正常運轉是必要的。如果乙醯膽鹼在神經衝動傳遞後無法立刻被破毀掉，衝動就會在連接神經的橋梁上不斷掠過，因為這種化學物質會不斷強化它的作用。整個身體的運動會變得不協調：顫動、肌肉痙攣、抽搐然後死亡很快就會降臨。

身體為這種偶然事件做出了預案。一旦不再需要這種化學傳導物質，就會有一種叫作膽鹼酯酶的保護性酶來消滅它。透過這種方式建立起一種精密的平衡，體內絕不會堆積危險數量的乙醯膽鹼。然而接觸有機磷殺蟲劑後，這種保護性的酶就受到了破壞，隨著這種酶的數量下降，這種化學傳導物質的數量就會增加。有機磷化合物的這種作用和蕈毒鹼一樣，後者是一種在毒蘑菇和捕蠅蕈中發現的生物鹼。

不斷暴露在有害物質中會降低個體膽鹼酯酶的濃度，當即將到達急性中毒的邊緣時，只要再與有害物質有微小的接觸就會使生物越過這一邊緣。正因如此，對於噴塗工及其他長期暴露在此類化學製劑中的人來說，定期進行血液檢查是非常重要的。

對硫磷是有機磷殺蟲劑中最常用的一種。它也是藥性最強、最危險的藥物之一。蜜蜂在接觸了對硫磷後，會變得「瘋狂躁動並且好鬥」，出現瘋狂行動，在半小時之內就奄奄一息。有一個化學家希望利用最直接的方法來研究多大的劑量會讓人類急性中毒，就吞下了非常小的劑量，相當於〇・〇〇四二四盎司。麻痺症狀來得太快，他甚至沒辦法拿到已經準備好的解藥，然後就死掉了。據說對硫磷是現在芬蘭人最常用的自殺手段。近年來，加州平均每年都會有超過二百起對硫磷意外中毒事件。在世界的許多地方，對硫磷的致死率都讓人震驚：一九五八年印度有一百起死亡事故，敘利亞有六十七起，日本平均每年有三百餘人死於對硫磷中毒。然而現在有大約七百萬磅的對硫磷被用在美國的田地上和果園裡——以人工噴灑、電動鼓風和噴粉以及飛機噴灑的形式。根據一位醫學權威的說法，僅加州農場的用量就可以「讓全世界的人死上五到十次」。

在少數幾種情況下我們也可以免遭對硫磷的危害，其中一個原因就是對硫磷和其他這一類的化學藥物很快就能分解。因此和氯化烴相比，噴灑過這類物質的莊稼上的殘留物是比較短命的。但是，它們停留的時間也足夠產生危害，引發的後果可能只是較為嚴重，也可能是致命的。在加州河濱市，三十個摘橘子的人中有十一個都出現了嚴重的病症，其中只有一個不需要住院治療。他們的症狀就是典型的對硫磷中毒。那個果園大概兩個半星期以前噴過對硫磷，那些殘留物經過十六到十九天後效力減弱，卻仍然讓人乾嘔、視力減弱、陷入半昏迷狀態。然而這在其持續性的較量上仍未能拔得頭籌。曾有一個類似的慘案，一個月前果園裡噴灑了標準劑量的殺蟲劑，卻在六個月之後仍能在橘子皮中發現殘留物。

對於在農田、果園、葡萄園裡施用這些有機磷殺蟲劑的工人來說，危險實在太高，一些使用這種化學製劑的州建立了實驗室，裡面有醫生提供診斷與治療。甚至連這些醫生自己也可能有危險，除非他們在治療中毒者時戴上橡膠手套。所以清洗這些中毒者衣物的洗衣女工也可能有危險，因為她也可能會吸收足量的對硫磷而對自己產生影響。

馬拉硫磷（Malathion，又名馬拉松）是另外一種有機磷，它幾乎和ＤＤＴ一樣為公眾所熟知，被廣泛用於園藝工作、家庭除蟲、滅蚊以及地毯式殺蟲行動中，曾經為了消滅地中海果蠅而在佛羅里達各社區將近五十萬英畝的土地上噴灑了這種藥物。馬拉硫磷被認為是此類化學試劑中毒性最弱的一種，許多人以為他們可以隨意使用，不用擔心會有危害。商業廣告也慫恿人們採取這種隨意的態度。

而這種所謂的「安全」很容易就站不住腳，雖然——就如同經常發生的那樣——直到這種化學藥品被使用了幾年之後，人們才發現這一點。馬拉硫磷之所以是「安全」的，只是因為哺乳動物的肝臟具有非常強的保護能力，才使得它相對無害。肝臟中的一種酶完成了馬拉硫磷的解毒過程。然而，如果什麼東西破壞了這種酶或者妨害了其解毒過程，暴露在馬拉硫磷中的人就會遭受這種毒藥強大的襲擊。對於我們所有人來說都非常不幸的是，這種事發生的機率很高。幾年前，食品與藥物管理局的一些科學家發現馬拉硫磷和其他某些有機磷同時施用時，產生的毒性極強——據預測，其毒性最多會有二者毒性相加的五十倍之高。換言之，二者結合時，每種藥物致死量的百分之一就可以奪人性命。

這一發現引發了對於其他混合物的檢測。現在已經知道有許多對有機磷殺蟲劑的組合都是非常危險的，共同作用使其毒性增加或者「強化」了。強化作用的出現似乎是由於其中一種化合物破壞了對另一種物質起解毒作用的酶。酶不能同時使用這兩種物質。這周噴灑了這種殺蟲劑下周噴灑了另一種殺蟲劑的人會有危險，而消費這些噴了藥的產品的人也會有危險。一個普通的沙拉碗就能輕易形成有機磷殺蟲劑混合物。殺蟲劑的殘留可能會相互作用，雖然它們都遠在法律允許的劑量之內。

關於化學製劑之間危險的相互作用，我們仍然所知甚少，但現在科學實驗室裡不時傳出一些令人擔憂的發現。其中一個發現是：非殺蟲劑類的介質也可以提高有機磷殺蟲劑的毒性。比如，和殺蟲劑比，某種增塑劑能夠更強地提高馬拉硫磷的危險性。同樣的，這是由於它抑制了肝臟中的某種酶，通常情況下這種酶都能「拔掉」這一有毒殺蟲劑的「毒牙」。

正常人類環境中的其他化學物質又怎麼樣呢？尤其是藥物會怎麼樣呢？針對這一課題的研究仍然很少，但我們已經知道某些有機磷物質（對硫磷和馬拉硫磷）會提高某些肌肉鬆弛藥物的毒性，其他一些有機磷（馬拉硫磷又一次包括在內）極大地提高了巴比妥鹽酸形成的睡眠時間。希臘神話中的女巫師美狄亞，因為被一個競爭者奪走了其丈夫伊阿宋的愛情而暴怒，送給了這個新娘一件有魔力的長袍。新娘一穿上這條袍子就會立刻暴斃。這種間接致死法現在找到了對手，就是人們所說的「內吸式殺蟲劑」。這些化學物質有著非凡的能力，可以把植物和動物變成類似於美狄亞的袍子的存在，竟能使牠們變成有毒的存在。這樣做是為了殺死接觸到牠們的蟲子，尤其是那些吸牠們的汁液或者血液的蟲子。

內吸殺蟲劑的世界是一個怪異的世界，超過了格林兄弟的想像，大概與查爾斯・亞當斯的卡通世界最接近吧。在這個世界裡，童話故事中被施了魔法的森林變成了毒森林，有蟲子嚼了片葉子或是吮了口植物的汁液就會面臨厄運。在這個世界裡，跳蚤叮了狗一下，就因為狗的血被毒化了而死；昆蟲會因為植物中散發出的蒸氣而死去，哪怕它從未碰過這株植物；蜜蜂會把有毒的花蜜搬回蜂房裡，隨後產出有毒的蜂蜜。

應用昆蟲學的工作者意識到他們可以學習自然的啟示。他們發現含有硒酸鈉的土壤中生長的小麥不會受到蚜蟲類及六點黃蜘蛛的攻擊，昆蟲學者才有了創造內吸殺蟲劑的想法。硒，這種少量存在於世界許多地方的岩石與土壤中的自然物質，就成為了第一種內吸殺蟲劑。

創造內吸殺蟲劑需要能夠將殺蟲劑滲透進動植物的所有組織，並使其有毒。這一性能被氯化烴類的一些化學物質以及有機磷類的另外一些化學物質透過合成的方式獲取，同時還有一些自然存在的物質也獲取了這一性能。然而在實際應用中，大多數內吸劑都來源於有機磷類，因為殘留物的問題稍微不那麼嚴重。

內吸劑還以其他一些迂迴的方式發揮作用。它們被用在種子上，或以浸泡的方式，或和碳一起被製成外衣，它們將效力施加在植物的後代身上，繁殖出對於蚜蟲類及其他吸啜昆蟲來說有毒的籽苗。這樣諸如豌豆、黃豆以及甜菜這樣的蔬菜就得到了保護。包裹著內吸殺蟲劑外衣的棉花種子已經在加州使用了一段時間，一九五九年聖華金河谷有二十五個種植棉花的農業勞動者突患急病，就是因為拿了大量被殺蟲劑處理過的種子。

在英國有人想知道蜜蜂使用被內吸劑處理過的植物的花粉釀蜜會如何。在一個使用八甲磷的地區這一問題得到了研究。雖然在花朵成形之前植物就已經被噴灑上藥物，但是之後生產的花蜜仍含有毒素。結果就如同人們所預測的那樣，蜜蜂釀出的花蜜也含有八甲磷。

內吸劑的使用主要集中在對於紋皮蠅的治理上，這是一種寄生在牲畜上的害蟲。必須要極其小心才能在血液及生物組織中形成殺蟲效果的同時不至造成中毒死亡。這一平衡極其微妙，政府獸醫已經發現重複施加小劑量的殺蟲劑會逐漸耗盡動物體內保護性膽鹼酯酶的供給，所以如果在毫無徵兆的情況下，再添加一個極小的劑量就會造成中毒。

許多強有力的跡象表明，與我們日常生活更密切的新天地被開闢出來。你可以給你的狗吃下一粒藥丸，據稱這粒藥可以使牠的血液對跳蚤產生毒性而免受其叮咬。在牲畜身上發現的危害很有可能會出現在狗身上。至今似乎仍沒有人提議要製造人體內吸劑從而使我們體內含有蚊子的致死因數。但或許下一步就要這麼做了。

截至目前，我們在本章中討論了人們在滅蟲大戰中使用的致死性化學物質。那麼我們同時在進行的除草大戰又如何呢？

人們想要有一種方法可以快速方便地殺死那些多餘的植物，從而產生了一大批化學物質，稱為除鏽劑或者較為不正式的叫法為除草劑，這些物質的生產仍在不斷擴張。此類化學物質被使用和誤用的故事將在後面章節進行詳述；我們這裡關注的問題是這些除草劑是否有毒，以及它們的出現是否加劇了環境的汙染。

除鏽劑只對植物有毒，對於動物毫無威脅的傳說得到了廣泛的傳播，但不幸的是這並非事實。這些植物殺手中包含了各種各樣的化學物質，既對動物組織有作用，也對植物有作用。它們對有機體的作用大不相同。一些是普通毒藥，一些是新陳代謝的強力興奮劑，可使體溫升高到致死水準，還有一些作用於該種族的遺傳物質，造成基因突變。因此除鏽劑和殺蟲劑類似，包含一些非常危險的化學物質，如果相信其「安全性」而對其隨意使用會造成災難性的後果。

儘管實驗室源源不斷地發布新的化學物質與其競爭，砷化合物仍被肆意使用，既如前文所述作為殺蟲劑使用也作為除草劑使用，通常以亞砷酸鈉的形式出現。砷化合物的使用歷史並非安全可靠。作為噴灑在道路兩邊的除草劑，它們已經讓許多農民失去了奶牛，還殺死了不計其數的野生生物。作為在湖泊和水庫裡使用的水草除草劑，它們使得公共水域不適宜飲用甚至不適合游泳。作為施用在馬鈴薯田裡除去藤蔓的噴霧，它們對人類和非人類的生命造成了危害。

在英格蘭，由於硫酸短缺，大約在一九五一年出現了上述做法，之前人們都使用硫酸燒掉馬鈴薯藤蔓。農業部認為有必要警告人們，進入噴灑過砷的農田是有危險的，但是這一警告卻無法為牲畜所理解（我們必須假定野生動物及鳥類也無法理解），關於牲畜由於砷類噴霧中毒的報告開始出現，千篇一律。當農民的妻子因為飲用了受到砷汙染的水而死亡後，英國一家主要的化學公司（一九五九年）停止生產砷噴霧並召回了經銷商手中的商品，不久之後，農業部宣布由於其對人類及牲畜帶來的高度危害，將對亞砷酸鹽的使用予以限制。

一九六一年，澳洲政府頒布了一條相似的禁令。然而在美國，卻沒有類似禁令對此類有毒物質的使用進行限制。

一些「地樂酚」化合物也被用作除鏽劑。它們被認為是美國所使用的此類產品中危險性最高的物質。二硝基酚是一種強力的新陳代謝催化劑。正因如此，它曾被用作減肥藥，但由於減肥的劑量和會致人中毒或死亡的劑量之間的差別太過微小，造成了數名病人死亡並使得許多患者遭受永久性損傷，後來這種藥物的使用才最終得到禁止。

一種與之相關的化學物質，五氯苯酚，有時也稱為「五溴」，被同時用作除草劑及殺蟲劑，這種物質經常被噴灑在鐵軌兩旁及荒地上。五溴對於從細菌到人類的多種有機體都有著極強的毒性。和地樂酚類似，它通常會以致命的形式干擾人體的能量源泉，受到影響的有機體幾乎是如同字面意義那樣把自己燃燒殆盡。

加州衛生署近期關於一起死亡事故的報告顯示了它的駭人力量。一個油罐車司機正在把柴油和五氯苯酚混合在一起來配製棉花脫葉劑。他把這種濃縮的化學物質從圓桶中倒出時，塞子不小心向後翻倒了。他光著手去拿塞子，之後雖然立刻就洗了手，但他仍然大病一場，第二天就死去了。

諸如亞砷酸鈉及酚類物質這一類的除草劑作用十分明顯，但其他一些除鏽劑的作用則較為隱蔽。比如現在非常有名的蔓越莓除草劑氨基三唑，或稱為殺草強，被認定為具有相對較低的毒性，然而長遠看來，它可能會引發甲狀腺惡性腫瘤，這對於野生生物的危害則更為顯著，或許對於人類也是如此。

除鏽劑中的一些種類被歸類為「誘變劑」，它們能改變基因和遺傳物質。我們因為輻射對於基因的作用而聞風喪膽；那我們又怎能漠視這些有同樣後果並且被我們廣泛播散在環境中的化學物質呢？

第四章

地表水與地下水

在可以預見的未來，因為攝入被汙染的飲用水而致癌的危險會大幅上升

在所有自然資源中，水已經成為其中最為寶貴的資源。目前地球表面的大部分都被無邊的大海所覆蓋，然而在這廣闊海洋中我們卻仍然感覺缺水。由於一種奇怪的悖論，地球上豐富水源中的大部分都無法用於農業、工業以及人類飲用，因為其中含有大量的海鹽，因此地球上的大多數人都正在經歷或即將面臨嚴重缺水的威脅。在這個時代裡，人們已經忘記了自己的起源，甚至對於最根本的生存需求視而不見，這種漠視使得水和其他資源一樣受到了威脅。

殺蟲劑對水的汙染只有結合上下文才能理解，這個問題是一個完整問題的一部分——對於人類整體環境的汙染。汙染經由許多種管道進入水路中：反應堆、實驗室以及醫院產生的放射性廢棄物；原子核爆炸形成的粉塵；城鎮中製造的生活垃圾以及工廠裡排放的化工垃圾。現在又加上了一種新型粉塵——莊稼地裡、花園裡、森林裡和農田中所施用的化學噴霧。這個可怕的大雜燴中有許多化學物質都和輻射有著類似的甚至更高程度的危害，而在這些不同種類的化學物質之間還存在著有害且不為人類所知的相互作用、轉換以及累加效應。

自從化學家們開始製造自然不曾創造出的物質之後，水的淨化問題就變得複雜起來，因為用水而造成的危險也加劇了。如我們所見，這些合成化學物質的大量生產始於一九四〇年代。現在它們的數量十分驚人，每天都有大量的化學汙染物如洪水般湧入這個國家的水路。這些化學物質不可避免地要與排放到同一片水域中的生活廢物及其他廢物混合，有時會使淨化廠裡常用的檢測方法落空。它們經常無法被檢測出。在河流中，汙染物的種類著實驚人，它們共同製造的沉積物只能被衛生工程師絕望地稱為「泥狀物」。麻薩諸塞州技術學院的羅爾夫•伊萊亞森教授在國會委員會面前作證，稱想要預測出這些化學物質的組合效應以及辨別出這一混合物會對有機體造成什麼後果都是不可能的。伊萊亞森博士說：「我們還無法知道這是什麼。它對人類有什麼影響？我們也不知道。」

被用於治理昆蟲、鼠類以及多餘植物的各類化學物質不斷加重了有機物的汙染。一些是被刻意施用於水體中以消滅植物、昆蟲幼蟲以及不想要的魚類；一些則來自於某個州為了消滅某一種害蟲而對兩三百萬公頃的森林進行的藥物噴灑——噴霧直接落入溪流中或沿著葉冠滴入森林地面，成為滲出水分的一部分，開啟了其匯入大海的漫長旅程。或許這類汙染物中的大多數來自於農用化學品的水性殘留，幾百萬噸的化學物質被噴灑在農田上，來治理昆蟲或是鼠類，經過雨水沖刷離開土壤，成為全球水體運動的一部分。

在溪流中，甚至在公共給水系統中，我們隨處可見這些化學物質的身影，種種證據令人側目。例如，人們從賓州一處果園地區的飲用水中提取樣本，並在實驗室的魚身上進行檢測，發現水中所含殺蟲劑的量足以在四小時內使所有實驗用魚全部死光。對噴了藥的棉田進行灌溉的溪水即使在經過淨化設備之後對魚仍然是有毒的；在阿拉巴馬州田納西河的十五條支流裡，由於有水流來自被毒殺芬（一種氯化烴）處理過的田野，而殺死了所有棲息於這些溪流中的魚群。其中兩條溪流是供給城市用水的水源。在使用殺蟲劑一周後，放在水源下流籠子裡的金魚每天都有翻肚死去的，這證實了水依然是有毒的。

這一類的汙染大部分都是隱形的、看不見的，當魚群成百上千死去的時候才有所顯現，但在更多數情況下從來不曾被人察覺。保護水源純淨度的化學藥劑師對於這些有機汙染物並沒有進行常規的檢測，也無法將其清除。但無論是否被檢測到，殺蟲劑都確實存在，而且我們可以料想到，它們和其他在地表上廣泛使用的物質一起進入眾多河流，或許進入了整個國家的主要水系。

要是有人不相信我們全球的水域幾乎都已經受到了殺蟲劑的汙染，那麼他應該學習一下美國魚類及野生生物管理局於一九六〇年發布的一篇小報告。該局就魚類是否像溫血動物一樣會在生物組織內儲存殺蟲劑這一問題進行了研究。第一批樣本採集自西部林區，那裡曾廣泛噴灑DDT以治理雲杉卷葉蟲。正如我們可以預見的那樣，所有的魚體內都含有DDT。當人們對某偏遠地區的一條小溪進行比照研究時，才得到了尤其引人注目的發現。這條小溪距離最近的農藥噴灑區（為治理蚜蟲而噴藥）有三十英里，它位於此前採樣區的上游，而且由一座高聳的瀑布隔開。據悉當地沒有噴灑過任何藥物。然而這裡的魚體內也含有DDT。化學物質是經由潛藏的地下水到達這條偏遠的小溪嗎？還是透過空氣傳播，以粉塵的形式飄落在這條小溪的表面呢？在另外一次對比研究中，在一個產卵區的魚體組織裡也發現了DDT，而那裡的水來自一口深井。同樣的，當地也沒有噴灑過藥物。唯一可能的汙染途徑就是地下水。

在整個水汙染的問題中，讓人最為困擾的就是地下水汙染帶來的威脅。在一個地方的水裡添加殺蟲劑，而不使其他各個地方的水源受到威脅是不可能的。自然幾乎從不在封閉的隔間裡運轉，她也從未如此分配地球的水源供給。雨水降落到地面，透過土壤與岩石中的孔洞縫隙沉澱下來，並不斷滲入更深的地方，直至到達岩石孔洞都為水所填滿的地帶，那裡是黑暗的地表海洋，它自山腳下升起，直到山谷底部才沉降下去。這一地下水系一直在活動，有時速度極低，每年移動的距離不超過五十英尺，有時速度則相對較快，每天都能移動超過五十英尺。它藉由看不見的水路漫遊，直到在這裡以泉水的形式露出表面，或者在那兒被挖掘出來引到井裡，然而大多數時候它都會匯入小溪與河流。除了直接進入溪流中的雨水與地面逕流，地球表面所有的活水都曾經是地下水，因此從某種意義上說，汙染了地下水就相當於汙染了全世界的水，這一真實存在的事實太過驚人。

肯定是經由這樣一片黑暗的地下海域，才使科羅拉多一座製造工廠裡的有毒化學物質流到了數英里外的農業區，在那兒讓井水有毒，讓人類和牲畜生病，讓莊稼遭殃——而這不過是一集特別篇，之後還很可能會有許多類似的事情。

簡單來說，歷史是這樣的。一九四三年，生化部隊位於丹佛附近的洛磯山脈的兵工廠開始生產戰爭物資。八年後，兵工廠的設備租給了一家私人石油公司來生產殺蟲劑。然而甚至在轉產之前，就開始出現難以解釋的現象。工廠數里之外的農民開始報告稱牲畜身上出現了怪病；

他們因為莊稼大面積受損而怨聲載道。葉子變黃了，植物不結果，還有許多莊稼已完全死亡。還有一些人類生病的案例，有人覺得也與此有關。

這些農場裡的灌溉用水是從淺水井裡引出的。對這些井水進行檢測時（於一九五九年進行的一項研究，多家州立及聯邦機構都參與其中），發現水中含有多種化學物質。洛磯山脈兵工廠在其運行期間將氯化物、氯酸鹽、磷酸鹽、氟化物以及砷等物質排入貯存池中。顯然兵工廠和農場之間的地下水都受到了汙染，而經過了七八年的時間，廢棄物才在地下移動了大約三英里的距離，從貯存池流到了最近的農場。這種滲透繼續蔓延，而其進一步汙染的區域卻不知會到達何種範圍。調查者們不知道有什麼方法可以控制汙染或者阻止其進一步前進。

這一切都夠糟了，但整件事情中最不可思議而且長遠看來也最重要的一點是：在一些井裡以及軍工廠的貯存池裡發現了2,4-D（2,4-dichlorophenoxyacetic acid，也稱2,4-二氯苯氧基乙酸，通稱2,4-滴或2,4-D。為白色無臭晶體，植物生長調節劑和除草劑。）這種除草劑。它的出現是能夠解釋為什麼用這種水灌溉的莊稼會受到損害。但令人感到不可思議的是，這家軍工廠在其運營期間並未生產過2,4-D。

經過長期細緻的研究，工廠的化學師得出結論稱，2,4-D是在那個敞開的池子裡自己形成的。工廠裡排出的其他物質在空氣、水以及陽光的共同作用下，自己產生了這種物質；完全不需要人類化學家的介入，貯存池自己就變成了化學實驗室，生產出了新的化學物質——一種會使所接觸的植物受到致命危害的物質。

科羅拉多農場以及那裡受損的莊稼的故事具有普遍性意義。不只在科羅拉多，在其他地方，如果化學汙染可以進入公共水域，是否會發生類似的情況呢？無論是哪裡的湖泊和河流，只要有空氣和陽光的催化作用，那些被稱為「無害」的化學物質會生出什麼樣的危險物呢？

事實上，關於水的化學汙染，最令人擔憂的問題之一就是——無論在河流湖泊抑或蓄水池中，甚至是擺在餐桌上的那杯水中，裡面都混雜著各類化學物質，任何一個負責任的化學家都不會想要在實驗室裡把它們這樣組合在一起。這些隨意混合在一起的化學物質之間會如何相互作用，這一問題深深地困擾著美國公共衛生管理局的官員們，他們曾擔心會在大範圍內發生相對無毒的化學物質產生有害物質的情況。可能是兩種或多種化學物質間相互作用，也有可能是化學物質和放射性廢棄物之間相互作用，而後者正越來越多地排放進河流中。在電離輻射的作用下，很容易出現原子的重新排列，化學物質的性質會以一種難以預測也無法控制的方式發生改變。

當然，被汙染的不只是地下水，還有地表上流動的水體——小溪、河流以及灌溉用水。而後面這種讓人不安的情況似乎正發生在加州圖萊湖和南克拉馬斯湖的國家野生動物保護區內。這兩個自然保護區所屬的體系也包括恰好越過奧勒岡州邊界的北克拉馬斯湖保護區。這些自然保護區因為共有水源而聯繫在一起，可能這種聯繫是致命的。同時它們也被這一事實所影響：

它們如同小島一般漂浮在海上，周圍像無邊大海一般的農田，而這些農田起初是被水鳥當作天堂的沼澤地和開闊水面，經由排水渠和溪流改道才改造成農田。

自然保護區周圍的農田現在由南克拉馬斯湖裡的水進行灌溉。水從澆灌過的田地裡重新匯聚，用泵灌入圖萊湖然後從那兒引入北克拉馬斯湖。所有依賴這兩片水域建立起的野生動物自然保護區裡的水都是由農業土地排出的水。記住這一點對理解最近發生的事情很重要。

一九六〇年夏天，圖萊湖和南克拉馬斯湖自然保護區的工作人員打撈起了數百隻已經死亡或者奄奄一息的鳥兒。其中大部分都以吃魚為生——包括蒼鷺、鵜鶘、鷗科。據分析，發現這些鳥類體內含有毒殺芬、DDD、DDE（兩者都是在DDT分解時形成，皆會在動植物體內殘留）等殺蟲劑殘留。湖裡的魚體內也含有殺蟲劑；浮游生物的樣本也是如此。保護區的經理認為灌溉水流在噴灑了大量農藥的農田裡循環往復，將殺蟲劑的殘留物帶入保護區的水體內並不斷堆積。

水質的毒化使得保護區的保護作用成為空談，而這種保護本可以取得成果，西部每一個打鴨獵人，每一個欣賞水鳥如飄浮的絲帶般掠過夜空時的光影與音韻的人，都本可以感受到這種保護成果。這幾個特別的自然保護區在西部水鳥的保護中有著舉足輕重的地位。它們的位置相當於漏斗的細管部分，所有的洄游路徑都在這裡匯集，構成了我們所稱的太平洋飛行路線。在秋季遷徙中，從白令海峽到哈德孫河的巢穴中，有幾百萬隻鴨子會飛到這裡——占秋季南遷至太平洋海岸的水鳥總數的四分之三。夏天，它們則為水鳥提供築巢之地，尤其是紅頭鴨和棕硬尾鴨這兩種瀕危品種。如果這些保護區中的湖泊與池塘都受到了嚴重汙染，那麼美國遠西地區的水鳥則會受到無法挽回的危害。

水也應當被認為是其所供養的生命鏈中的一環——從浮游生物中細小如塵埃般的綠細胞開始，穿過微小的水蚤，到從水中濾食浮游生物的魚類，而這些魚轉而又被其他魚類和鳥類、貂和浣熊吃掉——這是一個周而復始的循環，將物質在生命之間傳遞。我們知道水中必需的礦物質也是如此一環一環地沿著食物鏈進行傳遞，我們又怎能認為我們排入水中的有毒物質不會同樣地進入這種自然的循環中呢？

上述問題可以在加州克利爾湖的驚人歷史中找到答案。克利爾湖位於三藩市北部大約九十英里處的山區，長久以來都是釣魚者的好去處。它的名字有些名不副實，這裡的湖水其實相當渾濁，因為黑色的軟泥覆蓋了整個湖的淺底。對於垂釣者和湖邊的居民來說，不幸的是湖水為一種叫作Chaoborus astictopus的蠓蟲提供了絕佳的棲息地。這種小蟲雖然與蚊子聯繫緊密，卻不吸血，甚至可能完全不吃東西。然而同樣居住在此地的人們卻因為它龐大的數量而不勝其擾。人們採取了許多努力來進行治理卻大多沒有收穫，直到一九四〇年代末，氯代烴類殺蟲劑為人們提供了新武器。人們選取了ＤＤＤ作為武器開展新一輪的攻擊，這是ＤＤＴ的近親，但對魚類生命的威脅相對要小一些。

一九四九年採取的這種新型治理方案規劃得很細緻，很少有人覺得會帶來什麼危險。人們對湖泊進行了考察，計算了它的容量，殺蟲劑與水按照一：七千萬的比例進行了高度稀釋。對於蠓蟲的治理工作一開始收效良好，但到一九五四年不得不重複這一過程，這次的稀釋比例為一：五千萬。人們認為蠓蟲幾乎徹底絕跡。

第二年冬天第一次告訴人們其他生物也受到了影響：湖面上的北美鸊鷈開始死去，不久之後又死了一百多隻。北美鸊鷈是一種游禽，被湖裡肥美的魚群所吸引，於冬天遷徙至克利爾湖。這種鳥外表華麗，有著迷人的習性，在美國西部和加拿大的淺水湖上建起流動的巢穴。它被稱為「天鵝鸊鷈」，這是有原因的：當它滑過湖面時，幾乎不激起一絲漣漪，身體低浮在水面上，高昂著潔白的脖頸與烏黑發亮的腦袋。新孵化的雛鳥覆蓋著灰色的軟毛；不過幾個小時就會跳進水裡，立在父親或母親的背上，依偎在父母的羽翼之下。

一九五七年人們又對恢復到原來數量的蠓蟲發起了第三次進攻，更多的鸊鷈死去了。和一九五四年一樣，沒有證據表明死去的鳥中有傳染病。但當人們終於想起對鸊鷈體內脂肪組織進行分析時，才發現鳥體內含有濃度高達百萬分之一千六百的高度濃縮的ＤＤＤ。

水中使用的ＤＤＤ最高濃度僅為百萬分之一。這種化學物質如何在鸊鷈體內聚集到如此高的濃度呢？當然，這些鳥是以魚為食的。當人們對克利爾湖中的魚類也進行檢測時，整張圖片開始逐漸成形——有毒物質被最小的有機體獲取，濃縮之後傳遞給更大的捕食者。浮游生物有機體被發現含有大約百萬分之五的殺蟲劑（大約為水中殺蟲劑最高濃度的二十五倍）；以水草為生的魚類體內聚積的濃度在百萬分之四十到三百之間；食肉的物種體內貯存的含量最高。一條雲斑鮰體內濃度為百萬分之兩千五百，令人震驚。這種順序和兒歌〈傑克造的小屋〉裡唱的一樣，大型食肉動物吃掉小型食肉動物，後者以食草動物為食，而食草動物以浮游生物為生，浮游生物從水中吸收毒素。

之後甚至還有更加離奇的發現。在最後一次使用ＤＤＤ之後不久，就無法在水裡找到這種化學物質的蹤跡。但是這種毒物並未真正離開湖泊，它們只是進入了湖中生物的組織中。在停止使用這種化學物質二十三個月之後，浮游生物中仍然含有高達百萬分之五點三的ＤＤＤ。在這一將近兩年的間隔中，浮游生物花開花謝，已經延續了好幾代的生命，但是雖然水裡已經不含這種有毒物質了，它卻以某種方法代代相傳。同時它也存在於湖內動物的組織裡。在停止使用這種化學物質一年後，所有進行了檢測的魚、鳥以及青蛙體內都仍然含有ＤＤＤ。而在動物脂肪中所發現的含量總是超過水中原始濃度的數倍。這種毒物的活體攜帶者包括在最後一次使用ＤＤＤ九個月後才孵化的魚，鸊鷉，以及加州鷗，其體內聚積的毒素濃度超過百萬分之兩千。同時，繁殖的鸊鷉也減少了——從第一次用藥之前的一千多對減少到一九六〇年的三十對。而且即使是這三十對，似乎也只是徒勞，因為從最後一次使用ＤＤＤ起湖面上就再也沒有出現過鸊鷉幼鳥的身影了。

這一整條毒物鏈的基礎似乎是小株的植物，它們一定是最早的濃縮器。但是這條食物鏈的另一端又是什麼呢——人類很有可能會忽視這一系列事件，抄起魚竿，從克利爾湖裡釣上一串魚回家，煎了當作晚餐？高劑量的DDD或是重複攝入DDD會給他造成什麼影響呢？

雖然加州公共衛生署斷言並無看到任何危害，然而它卻在一九五九年要求停止在湖區使用DDD。有科學證據表明，這種化學物質具有廣泛的生物效能，這一舉措似乎是最低限度的安全措施。在諸多殺蟲劑中，DDD的生物影響很可能是獨一無二的，因為它會破壞腎上腺的一部分，破壞腎上腺外層稱為腎上腺皮質的細胞，這些細胞能分泌腎上腺皮質激素。這一破壞性的後果發現於一九四八年，但最初被認為只局限於狗，因為在針對猴子、老鼠以及兔子進行的實驗中並沒有顯現這種後果。然而，DDD對狗造成的影響和人類犯阿狄森氏病時的情況類似，這似乎暗示著什麼。最新的醫學研究表明DDD嚴重抑制了人類腎上腺皮質的功能。現在臨床上利用其可以破壞細胞的功能來治療一種罕見的腎上腺癌症。

克利爾湖的情況提出了一個需要公眾直面的問題：為了治理昆蟲而使用這種會強烈影響生理過程的物質是明智的、合理的嗎，尤其是這種治理措施需要直接向水體投放化學物質時？即使使用的殺蟲劑濃度非常低也是毫無意義的，因為它在湖體自然食物鏈中的爆炸性激增就可以說明這一點。現在許多事情就是為了解決一個無關緊要的小問題，卻製造了更加嚴重卻不那麼容易看到的大問題，這種情況越來越多，克利爾湖事件就是其中典型。蠓蟲問題的解決對受蠓蟲困擾的人來說是有利的，但那些從湖水中獲取食物與水的人付出了代價，他們所冒的風險未被明說，甚至可能未得到充分理解。

還有一個離奇的事實，把有毒物質引入水庫變成了一項相當常見的行為，目的是為了進行娛樂，哪怕這樣的水得需要花錢進行處理後才能用作飲用水，且飲用水才是修建水庫的最初目的。如果某個地方的釣魚者想要「改善」某水庫的釣魚情況，就會勸說當局允許他們向水裡傾倒大量有毒物質來殺死他們不想要的魚類，孵化出符合他們口味的魚類來取而代之。這個過程如同愛麗絲夢遊仙境一般奇怪。水庫是為了向公眾供水而建，然而關於這個釣魚者搞出來的項目，公眾或許並未被徵求意見，然而卻被迫飲用含有有毒殘留的水，或是繳付稅金來淨化水源去除毒素，這種淨化過程可一點也不簡單。

由於地下水和地表水都受到了殺蟲劑及其他化學物質的汙染，可能公共給水中不僅含有有毒物質還有致癌物。國家癌症研究所的惠帕教授已經警告稱：「在可以預見的未來，因為攝入被汙染的飲用水而致癌的危險會大幅上升。」一九五〇年代初荷蘭確實開展了一項研究，它為受到汙染的水路可能會含有致癌物這種說法提供了證據。從河流中獲取飲用水的城市比那些用像井水這樣不易被汙染的水源的城市的癌症死亡率要高。砷是環境中一種確定會致癌的物質，它曾兩次出現在因水源被汙染導致大範圍癌症發生的歷史事件中。其中一起事件，砷來自採礦作業的礦渣堆，另一起事件裡，則來自天然含有高含量砷的岩石。由於大肆使用砷類殺蟲劑，上述情況很輕易就會重演。這些地方的土壤變得有毒。雨水將部分砷沖刷到小溪、河流以及水庫裡，也滲透進廣袤的地下水、海洋中。

在這兒我們再一次被提醒，在自然中沒有什麼是孤立存在的。為了更加清晰地理解這個世界的汙染正在如何發展，我們現在要看一看地球的另外一種基本資源——土壤。

第五章

土壤的王國

只要土壤中存有殺蟲劑汙染物，威脅就存在

無法完整覆蓋全部大陸的那層薄薄的土壤控制著我們的生存以及陸地上其他所有動物的生存。如我們所知道的那樣，沒有土壤，陸生植物就無法生長，而沒有植物，動物就無法存活。

但如果說我們以農業為基礎的生活依賴土壤，土壤也同樣依賴於生物，土壤的根源及其所保有的天然特性都與動植物的生命緊密相連。因為在某種程度上，土壤是一種生命的產物，它源自於數億年前生物與非生物之間不可思議的相互作用。當熾熱的岩漿從迸發的火山中噴湧而出，當流水碾過赤裸的岩石，將最堅硬的花崗岩也沖刷殆盡，當冰霜的利劍劈開岩石並將其粉碎，形成土壤的初始物質就得以積聚。生物隨後就開始施展其極富創造力的魔法，這些無生命的物質就逐漸變成了土壤。地衣植物是岩石的第一種覆蓋物，它們用自己的酸性分泌物加速了分解的過程，為其他生物打下頭陣。苔蘚類則佔據了原始土壤的微小罅隙——地衣剝落的碎塊，微小昆蟲的繭衣，海洋類動物的殘骸形成了這種原始的土壤。

生物不僅締造了土壤，現在在土壤中也存在著其他生物，其數量之巨，種類之豐，令人驚歎；如果沒有這些生物，土壤就會成為僵化而貧瘠的存在。正因為這無數種生物體的存在與活動，土壤才可以供養地球的綠色植被。

土壤處於不斷變化的過程中，參與那無休止的循環。隨著岩石的風化，有機質的腐爛，氮和其他氣體隨著雨水自天空降落，不斷有新的物質添加進來。與此同時，有其他物質被拿走，被生物體暫時借用。微妙卻極為重要的化學變化在不斷進行著，其將從空氣和水中獲取的元素轉化成適宜植物生長的形式。在這種種變化中，生物體都是活躍的介質。

和對於黑暗的土壤王國中浩渺種群的研究相比，很少有其他研究比它們更迷人，同時也幾乎沒有什麼比它們更被人所忽視。是什麼將一眾土壤生物串聯起來，將它們與土壤中的世界，與地上的世界串聯起來的，我們所知甚少。

土壤中最根本的有機體或許是最微小的那些——肉眼看不見的細菌和絲狀真菌。牠們的數量可謂是天文數字。一茶匙表層土中可能包含數億細菌。儘管牠們體型微小，但在最上面一英畝大一英尺深的肥沃土壤中細菌的總重量大約有一千磅之多。放線菌，形狀為細長絲狀，比細菌的數量稍少一些，但由於其形狀更大，在一定數量的土壤中，放線菌的總重量和細菌大致相當。加上人們稱為藻類的小型綠細胞，這些就組成了土壤中的微觀植物世界。

細菌、真菌和藻類是將動植物屍體分解成礦物質的主要介質。沒有這些微觀植物，碳和氮等化學物質就無法經由土壤、空氣以及生物組織進行廣闊的循環運動。例如，如果沒有固氮菌，哪怕被含有氮的空氣所包圍，植物也會因為缺氮而餓死；其他一些生物體可以形成二氧化碳，它能以碳酸的形式加速岩石的溶解；還有其他一些土壤微生物起著氧化與還原的作用，正是經由這些作用，如鐵、錳及硫等礦物質才得以轉化成植物需要的形式。

數量同樣巨大的是微小的蟎蟲以及被稱為彈跳蟲的一種原始無翼昆蟲。儘管體型微小，但牠們在分解植物屍體，促進森林植被緩慢轉化成土壤的過程中舉足輕重。這些微小生物因為其任務而進行的細分幾乎讓人難以置信。比如說，有幾種蟎蟲，僅會在一種雲杉掉落的針葉中出生。牠們寄居其中，消化掉針葉的內部組織。這些蟎蟲完成其生長時，針葉就只剩下外殼了。而每年處理落葉中數量驚人的植物組織這一極為艱巨的任務，則落在了土壤與森林地被物中某些小昆蟲的身上。牠們將葉子浸軟消化，並幫忙將已分解的物質和地表土混合在一起。

除了這些體型微小卻不停辛勤勞作的生物，當然有許多比較大的生物，因為土壤生物覆蓋了從細菌到哺乳動物的整個圖譜。一些是黑暗的壓土表層王國的永住居民；一些會在地下冬眠或度過一段時間；一些則在牠們的地下洞穴和地面上自由穿梭。總而言之，土壤中的這些居所使得空氣得以進入土壤，促進了水在層層植被中的排出與滲透。

土壤裡的大型居民中，恐怕沒有比蚯蚓更重要的了。四分之三個世紀之前，查爾斯·達爾文出版了一本名為《蠕蟲活動對作物肥土的形成以及蠕蟲習性觀察》的書。在書中，他首次向世人揭示了蚯蚓地質營力的角色對於土壤的運輸有著至關重要的意義——表層岩石逐漸被蚯蚓運送上來的肥沃土壤所覆蓋，在形勢良好的地區，每年的數量可高達每英畝很多噸重。與此同時，樹葉與草葉中包含的大量有機物質（六個月內每平方公尺含有量高達二十英磅）被運輸至地下洞穴，進入土壤中。據達爾文計算，蚯蚓每辛勤工作十年，就可以增添一到一·五英寸厚的土壤層。牠們的作用絕不僅限於此：牠們的洞穴使土壤鬆動，使其排水良好，有利於植物根系的穿透。蚯蚓的存在提高了土壤細菌的硝化作用，減少了土壤的腐敗作用。有機物質穿過蠕蟲的消化道時會被分解，而牠們的排泄物則使得土壤更加肥沃。

這一土壤社區，包含由各種生物以某種方式相互作用共同編織構造成的一張網——生物依賴土壤，而反過來，又只有當土壤中的生物社區繁榮發展時，土壤才能成為地球的一種重要構成。

很少有人關注過我們這裡關心的這一問題：當有毒的化學物質進入土壤中——無論是作為「殺菌劑」直接施加到土壤裡，還是隨著雨水濾過森林和果園的樹冠，從莊稼地裡滲下來而夾帶了致命的汙染物——土壤世界裡這些數量龐大又至關重要的居住者們會怎麼樣呢？比如說，我們怎麼能覺得用廣譜殺蟲劑能殺死那些破壞莊稼的害蟲會打洞的幼蟲，卻不會殺死那些對於分解有機物質至關重要的「益」蟲呢？或者說我們怎麼能覺得那種非特定用途的殺真菌劑不會殺死棲息於許多樹的根部並幫助樹木從土壤中吸收養分的有益真菌呢？

一個簡單的事實是，土壤中的生態環境這一重要的話題在很大程度上被科學家所忽視，幾乎被管理人員完全無視。對昆蟲進行化學控制似乎是基於這種假設進行的：土壤可以承受毒藥進入所帶來的任何數量的損害，並且會就這樣忍受而不進行反擊。而土壤世界的真正本質則幾乎都被無視了。

透過僅有的少數研究，一幅關於殺蟲劑對於土壤影響的畫面正慢慢展開。這些研究有時有所不同這並不奇怪，因為土壤類型迥異，會破壞某種土壤的物質對於另外一種土壤則可能無害。輕砂土壤比腐殖質土壤受到的破壞要嚴重。幾種化學物質的結合似乎比單獨使用一種物質危害更大。儘管結果不盡相同，但有足夠多的確鑿證據表明此類物質的危害，並在逐漸累積，引起了許多科學家的擔憂。

在某些情況下，生物世界最根本的化學轉變會受到影響。其中一個例子就是硝化作用，經由這種作用，大氣層中的氮可以為植物所用。除鏽劑2,4-D會對硝化作用造成短暫的干擾作用。最近在佛羅里達進行的實驗表明，林丹、七氯、ＢＨＣ（六氯化苯）在土壤中僅僅存在兩周後就會減弱硝化作用；ＢＨＣ和ＤＤＴ在施用一年後仍有嚴重的有害作用。在其他一些試驗中，ＢＨＣ、阿特靈、林丹、七氯和ＤＤＤ都會阻礙固氮菌在豆科植物上形成根瘤。真菌對於高等植物的根系有著神祕卻又有益的作用，而現在這種作用遭到了嚴重破壞。有時這個問題會影響到種群間的微妙平衡，而借助於這種平衡，自然界才能完成其長遠目標。土壤中某些有機物會因為殺蟲劑而減少，還有一些種類則會因此出現爆炸性的增長。這種變化會很容易改變土壤的代謝活動，影響其生產能力。這也可能意味著那些之前受到控制的有可能有害的生物，會逃離自然的控制，上升到害蟲的位置。

關於土壤中的殺蟲劑，需要記得的最重要的事情之一是它們的持久性，不是以月而是以年為單位來計算。在四年後仍可以找到阿特靈，一些是殘留痕跡，更多的則轉化成了地特靈。為消滅白蟻而在沙土中使用毒殺芬十年後，仍有足量的殘留物。苯六氯化合物則至少可存留十一年；對於七氯或者其他毒性更強的衍生物來說至少是九年。在使用十二年後，氯丹的留存物仍為原用量的一五％。

在幾年內以中等用量施加殺蟲劑似乎會在土壤中累積至不可思議的量。由於氯化烴穩定性強，持續時間長，每一次的使用都會被疊加在前一次殘留物的基礎上。如果重複噴灑的話，「每英畝施加一磅的ＤＤＴ是無害的」這一古老的傳說毫無意義。每英畝種植馬鈴薯的土壤被發現含有高達十五磅的ＤＤＴ，種植棉花的土壤則高達十九磅。用於研究的種植蔓越莓的沼澤地每英畝含有三十四．五磅。蘋果園的土壤中ＤＤＴ的含量似乎達到汙染的峰值，ＤＤＴ累積的速度幾乎和每年施用的速度一致。即使在一季裡，由於果園藥物噴灑達四次以上，ＤＤＴ的殘留值可能會達到三十到五十磅的最高量。長年的重複噴灑使得不同樹木中ＤＤＴ的含量高達每公頃二十六磅到六十磅，而樹下土壤中的含量則為一百一十三磅。

砷是會對土壤造成永久性毒害的典型。雖然從一九四〇年代以來，菸草作物已經不再噴灑砷，改用合成有機殺蟲劑代替，但從一九三二年到一九五二年，由美國種植的菸草製造出的香菸中砷含量的增長超過了三〇〇％。之後有研究表明增長率高達六〇〇％。亨利．賽特利博士是砷毒理學方面的權威，他指出，雖然合成有機殺蟲劑已經大範圍替代了砷，但是菸草作物仍會持續攝入之前的毒素，因為種植菸草的土壤現在已經完全為砷酸鉛的殘留物所浸透，這種物質含量大且相對不易溶解，會持續釋放出可溶解的砷。賽特利博士說，種植菸草的土壤中大部分都已遭受「累計的且幾乎永久性的毒化」。而東地中海地區種植的菸草因為未曾使用過砷類殺蟲劑，則未曾出現過砷含量的增長。

於是我們就面臨著第二個問題。我們不能僅僅關注土壤發生了什麼；我們必須要知道有多少殺蟲劑從遭到汙染的土壤中被吸收繼而進入到植物組織中。這一數值很大程度上取決於土壤的類型、作物本身以及殺蟲劑的性質同濃度。富含有機物的土壤釋放的毒素的量要小於其他類型。胡蘿蔔比其他研究過的農作物吸收的殺蟲劑含量都要高；而如果是林丹這種物質，胡蘿蔔內部積聚的濃度比土壤中的含量還要高。以後再種植某種糧食作物前，可能會有必要對土壤中的殺蟲劑進行分析。否則，哪怕未噴灑過藥物的作物也會僅因為從土壤中攝入過多殺蟲劑，而不適合在市場上售賣。

這種問題至少已經給一家製造嬰兒食物的領頭企業帶來了無窮無盡的麻煩，他們不願意購買任何在曾使用過有毒殺蟲劑的土壤上種出的果蔬。給他們帶來最多麻煩的是ＢＨＣ，它們被植物的根莖吸收後，會表現出黴腐的口感與氣味。加州兩年前曾使用過ＢＨＣ的農田裡種植的番薯會因包含其殘留物而被拒收。該公司某年曾與南卡來羅那州簽訂合同，以滿足其對於番薯的全部需求，結果發現極大面積的土地都遭到了汙染，該公司被迫在公開市場上進行購買，結果遭受了很大的經濟損失。數年來，許多州種植的不同種類的水果與蔬菜都曾被拒收。

最棘手的問題是花生。在南部的幾個州，花生通常和棉花輪流種植，而棉花地會大量使用

BHC。之後在同一片土地上種植的花生就會攝入大量的殺蟲劑。事實上，只需一點點殘留就能顯現出黴味。這種化學物質滲入到果仁中，無法移除。加工過程不僅遠不能除去黴臭，有時還會突出這種味道。工廠要想堅決排除BHC殘留，唯一方法就是拒收所有使用過這種物質或是種植在受其汙染的土壤中的果實。

有時作物本身也面臨威脅——只要土壤中存有殺蟲劑汙染物，這種威脅就存在。有時殺蟲劑會影響到敏感的植物，如豆類、小麥、大麥、黑麥等，會減緩其根系生長或壓制其籽苗的生長。華盛頓和愛達荷州啤酒花種植者的經驗就是一個例子。一九五五年春天，這些種植者中有許多人都因為草莓根象鼻蟲的幼蟲大量依附在啤酒花的根部，而進行了大規模的治理工作。根據農業專家以及殺蟲劑製造商的建議，他們選擇了七氯。使用七氯一年後，農場上的藤蔓開始枯萎死亡，而未曾使用過七氯的農場則沒有這種問題；這種破壞作用在兩種農場的交界處戛然而止。人們花了大價錢重新栽種，但第二年新種植物的根系又枯萎了。四年後，土壤中仍然含有七氯，科學家也無法預測其毒性會維持多久，也無法提供任何措施去改善這一情況。直到一九五九年三月，聯邦農業部發現自己稱七氯可以用於處理種植啤酒花的土壤是錯誤的，才撤銷了相關註冊號，卻為時已晚。

同時，那些啤酒花種植者則在法庭上尋求可能的賠償。

由於殺蟲劑仍在繼續使用，而它們幾乎無法分解的殘留也在土壤中持續累積，幾乎可以確定我們即將面臨困擾。一九六〇年，一群專家在雪城大學開會討論土壤的生態問題，一致得出了上述結論。他們總結使用化學物質及放射物「這種強力卻所知甚少的工具」所帶來的危害：「人類走錯幾步，可能會摧毀土壤的生產能力，而害蟲卻仍然猖獗。」

第六章

地球的綠幔

地球的植被是生命網的一部分，卻綠意不再

水、土壤以及地球上植被的綠幔組成了支持地球上動物生長的世界。雖然現代人很少記得這一事實，但是如果沒有那些利用太陽的能量製造其賴以生存的基本食物的植物，他們無法存活。我們對待植物的態度異常狹隘。如果我們看到了某種植物的直接用途，我們就會加以種植。但凡我們發現它們的存在有一點不受歡迎或只是沒什麼用，我們就會毫不猶豫地加以剷除。除了有些植物因為對人類或牲畜有毒，抑或會排擠農作物，我們想要毀滅某種植物僅僅因為——根據我們狹隘的觀點——它們在錯誤的時間出現在了錯誤的地方。還有許多植物僅僅因為和人們不需要的植物長在一起，也就被除掉了。

地球的植被是生命網的一部分，植物與地球間、不同植物間、植物與動物間的關係都是密不可分，息息相關的。有時我們別無他法，不得不破壞這些關係，但需經深思熟慮而後行之，我們需要充分瞭解我們的所作所為在時間與空間上所產生的長期影響。然而銷售額的激增和對於此類物質的廣泛使用促進了對於這種殺害植物的化學物質的生產，而毫無謙遜之心則又促進了如今「除草劑」產業的興旺。

我們不加思考就肆意破壞環境，西部鼠尾草地就是這樣一個非常悲慘的例子，那裡曾經開展過大規模的消滅鼠尾草改作牧場的運動。如果需要有一個地方來闡明歷史感以及風景的意義，就是這裡了。因為這裡的自然風光生動展現了造物主自然之力的相互作用。它似一本書卷攤開在我們面前，我們可以從中讀出這片土地會形成這般景色的原因，也可以讀出我們為何要保存它的完整。然而這些書頁卻未曾被翻閱。

鼠尾草地是西部高原以及高原山脈的下坡地帶，由幾百萬年前洛磯山脈的巨大隆起而形成。這裡的氣候非常極端：漫長的冬日裡，暴風雪從山上席捲而來，平原上覆蓋著厚厚的白雪；而在夏天，只有零星的幾場雨才能緩解炎熱，乾旱深入土壤，乾燥的風從葉與莖中掠去水分。

在這個地區的演化過程中，一定有相當長的試錯期，各種植物都試圖佔領這片時常狂風大作的高地。它們前仆後繼，未能成功。最後終於有一種植物出現了，它們具有所有在此存活需要的特質。鼠尾草——如同灌木一般低矮——可以在山坡和平原上穩穩固定，而它灰褐色的微小葉片裡也可以貯存足夠多的水分以抵抗風之掠奪。這並非偶然，而是自然長期實驗的結果使得西部廣闊的高原成為鼠尾草地。

和植物一起，動物也不斷進化以做到與土地的迫切需求相一致。最後有兩種動物像鼠尾草一樣完美地適應了牠們的棲息之所。其中一種是哺乳動物叉角羚，敏捷而優雅。另外一種是艾草松雞，一種鳥類，被稱為路易士和克拉克地區「高原上的公雞」。

鼠尾草和松雞似乎是天生一對。起初，松雞的分布範圍和鼠尾草一致，而隨著鼠尾草地的減少，松雞的數量也變少了。對於松雞來說，鼠尾草意味著一切：山麓斜坡上的鼠尾草庇佑著牠們的巢穴與幼鳥；草地更為濃密的地方則是玩樂與棲息之地；一年四季鼠尾草都為松雞提供口糧。然而這是一種雙向的關係。松雞們蔚為壯觀的求偶表演讓鼠尾草下方和周圍的土壤變得鬆軟，在鼠尾草灌叢的遮蔽下生長的雜草因此更方便入侵。

羚羊也使自己的生活與鼠尾草相適應。牠們本來是平原動物，冬天裡當初雪落下時，這些在山上度過了炎炎夏日的動物就會移至低海拔處。在那裡，鼠尾草可以為牠們提供過冬食物。當其他植物的葉子都已掉光時，鼠尾草仍然常青，它灰綠色的葉片微苦卻又散發芬芳，富含蛋白質、脂肪與必需的礦物質，仍然附在莖上，呈灌木叢狀鬱鬱蔥蔥。哪怕積雪加深，鼠尾草的頂端仍然露在外面，可以被羚羊鋒利的蹄爪搆到。松雞也以它們為食，牠們在被風吹掃過的裸露地面上找到鼠尾草，或者跟隨羚羊的腳步，在牠們刨開積雪的地方覓食。

還有其他生物也指望著鼠尾草。騾鹿也以此為食。對於在冬季採食的牲畜來說，鼠尾草意味著存活。綿羊覓食的許多冬季牧場中，唯一露在地面上的就是鼠尾草了。綿羊半年的主食都是鼠尾草，它們的能量價值甚至比苜蓿乾草還要高。

惡劣的高原地帶、鼠尾草的紫色殘存、敏捷的野生羚羊和松雞是一個完美平衡的自然系統。是嗎？「是」得改成「不是了」——至少在人們試圖對自然方式進行改良的那一大片土地上發生了這樣的變化，而這樣的地方仍在增加。以尋求進步為名，土地管理機構為了滿足牧人的貪得無厭，已經開始著手開發更多牧地。他們指的是草地——沒有鼠尾草的草地。在一塊自然條件適合牧草在鼠尾草的遮蔽下共同生長的土地上，人們打算除去鼠尾草，把它變成單純的牧草地。好像沒什麼人問過這個問題：這個地區開發牧地是否穩定，能否令人滿意？自然的回答當然是否定的。這裡鮮少下雨，年降水量不足以支持好的牧草生長；它更利於在鼠尾草的遮蔽下生長的多年生叢生禾草。

然而清除鼠尾草的工作卻持續了很多年。一些政府部門參與其中；工業部門也熱情投入，促進鼓勵該事業的大力發展，因為其不僅提升了牧草種子的生意，也拓展了一系列收割、耕地、播種等器具機械的市場。最新加入進來的武器是化學噴霧，現在每年都要對數百萬公頃的鼠尾草地噴灑農藥。

結果如何呢？清除鼠尾草播種牧草行動的最終結果很容易預測。那些有著長期土地工作經驗的人說比起單純種植牧草，讓牧草在鼠尾草中間及下方混長會更好，因為鼠尾草有保持水分的作用。

但就算這一工程有立竿見影之效，那一整個針腳細密的生命之網顯然也被撕裂了。羚羊和松雞會和鼠尾草一同消失。騾鹿也會遭殃。而這片土地上野生生物遭受的破壞也會使土地變得貧瘠。就連牲畜——人們以為他們是受益者——也會深受其害：夏日裡鬱鬱蔥蔥的牧草可無法幫助羊群在暴風雪中熬過飢寒的冬日，因為高原上已沒有了鼠尾草、灌木和其他野草。

這是最直接也最明顯的後果。第二種影響則和對付自然界的那把噴藥槍有關：藥物噴灑總是會除去一大批本未打算毀壞的植物。法官威廉・道格拉斯在他的新書《我的曠野：東行凱達丁》中講述了一個駭人聽聞的例子，講的是美國森林服務管理所在布里吉國家森林中進行的生態破壞。迫於牧民想要更多牧草地的壓力，管理所對大約一萬公頃的鼠尾草地噴灑了藥物。鼠尾草不出意外地被清除了。但同樣消失的還有柳樹，它們曾經生機勃勃，如同綠色的綢緞般沿著蜿蜒的溪流生長，蹤跡遍布整片原野。駝鹿曾生活在這片柳林裡，因為柳樹之於駝鹿就如同鼠尾草之於叉角羚。海狸也曾在此居住，以柳樹為食，牠們把柳樹弄倒，在細流中築起堅固的堤壩。歸因於海狸的勞作，就這樣圍起了湖。山澗中鮭魚鮮有六英寸長；但在湖裡卻長勢驚人，不少都重達五磅。水鳥也被湖水吸引。就因為柳樹的存在還有依賴它們生存的海狸，這個地方變成了適宜垂釣與打獵、供人消遣的地方，引人入勝。

然而由於森林管理所發起的「改良」運動，柳樹和鼠尾草以同樣的方式消失了，被同一種不偏不倚的噴霧所殺害。道格拉斯法官一九五九年參觀該地時，也是噴藥的同一年，他被那裡枯萎衰敗奄奄一息的柳樹所震驚，說「破壞之廣，難以置信」。駝鹿會怎麼樣呢？海狸和牠們建造出的小小世界呢？一年後他重回此地，在那片破壞殆盡的土地上讀到了答案。駝鹿不見了，海狸也是如此。那個重要的大壩也因為缺少建築師的精心照料而沒了蹤影，湖水也已枯竭。不見了大鮭魚的影子。只有一條細細的小溪，穿過那片因為沒有一寸綠蔭而光禿禿又熾熱的土地，卻沒有什麼生命能在此存活。那個鮮活的世界被粉碎了。

每年除了有四百多萬英畝的牧場會噴藥外，大片其他類型的土地也為了治理野草而直接間接地接受著化學處理。例如，一片比整個新英格蘭面積都要大的土地——大約五千萬英畝——為公用事業企業所管理，大部分地方都會定期進行化學治理以進行「灌木控制」。在西南地區，大約有七千五百萬英畝的豆科灌木需要以某種手段進行治理，其中人們最積極提倡的方法就是噴灑農藥。一塊面積未知但非常遼闊的木材產地現在使用高空噴灑的方式以「淘汰」闊葉樹，僅保留抗藥性較強的針葉樹。一九四九年以後，使用除草劑的農業用地面積大幅增加，在一九五九年達到了五千三百萬英畝。而現在使用化學藥物的私人草坪、花園和高爾夫球場的總面積必將達到一個驚人的數字。

化學除草劑是一個全新的玩具。它們的工作手段很壯觀；它們讓使用者產生自己控制了自然的眩暈感，至於其他長期的和較隱蔽的效果，很容易就被人們當成悲觀主義者毫無根據的臆想而置之不理。「化學工程師」愉快地談起「化學耕種」的問題，在那個世界裡，人們受到慫恿，要把鋤頭換成噴藥槍。上千社區的市政官員都樂於聽化學工業推銷員和熱切的承包商的話，他們自己說能把路邊的「灌木」清掃乾淨——當然要付個價錢。這比割草便宜——口號是這麼喊的；但真正付出的代價並不僅以美元計算，還有許多我們不久就會看到的同樣真實存在的債務，人們會看到不僅要為化學經銷商的廣告付出昂貴的價錢，長此以往，還會對健康、自然以及依附其存在的各方造成巨大危害。

比如說，全國各地商會所推崇的這種商品在旅行度假者中信譽如何呢？現在已經有一群義憤填膺的反對者抗議化學噴霧毀壞了曾經美麗的路旁風景，一大片乾枯凋謝的棕褐色植被取代了美麗的蕨類植物和野花，還有以小花和野莓點綴的天然灌木——反對者的數量在穩固增加。「我們把道路兩邊弄得亂七八糟，髒兮兮、灰突突的，一副垂死之相」，一位新英格蘭的女士在寫給報紙中的信中如是說道：「這絕非我們的遊人所期望見到的，而我們還花了這麼多錢宣傳美麗的風景。」

一九六〇年夏天，來自各州的環保主義者在寧靜的緬因島上集會，共同見證島主人米莉森特・陶德・賓漢饋贈給全國奧杜邦協會的禮物——本島美麗的風景。那天的焦點在於對自然風景的保護，對於由從微生物到人類相互作用共同編織出精密的生命之網的保護。然而在隨意討論中，大家的對話都充滿了憤怒，對他們所行之路遭到掠奪之憤怒。曾經，他們沿著道路穿越終年幽綠的森林，路兩旁列著月桂樹、香厥木、榿木和黑果木，一切是那麼美好。一個環保主義者這樣描述於八月前往緬因島的朝聖之旅：「我憤憤而返，生氣緬因兩旁的道路遭到了褻瀆。幾年前的那裡，高速路似被野花和誘人的灌木鑲了邊，而現在卻只有死去的植被留下的疤痕，綿延數里……就經濟議題而言，緬因州能承擔這種景象使得這裡在旅遊者心中失去信譽而帶來的損失麼？」

全國各地都在以治理路邊灌木為名進行愚蠢無知的破壞活動，而緬因的道路僅僅是其中一個例子，但對於我們之中熱愛那個地方的人來說，卻是一個尤為心痛的例子。

美國康乃狄克州的植物學家稱對於美麗的天然灌木以及野花的清理活動已經造成了「道路危機」。杜鵑花、山月桂、藍莓、黑果木、夾蓮花、山茱萸、月桂果實、香蕨、棠棣、冬青、野櫻和野李都在化學物質的轟炸下奄奄一息。雛菊、金光多毛菊、野生胡蘿蔔、麒麟草和秋菊這些為景色增添了優雅與美麗的植物也難逃厄運。

藥物噴灑不僅計畫不周，還易有種種濫用之行為。在新英格蘭南部的一個小鎮上，一個承包商工作完成之後罐子裡還剩了點藥物。他沿著森林道路將它們拋灑了出去，而此地並未得到進行任何噴灑的授權。就這樣，這裡秋天的道路就失去了藍金交映之美，那裡的秋菊與麒麟草相映成趣，值得遊人遠赴而來。在新英格蘭的另外一個地方，一個承包商沒有告知高速公路部門就更改了鎮上藥物噴灑的規格，對路邊植物的噴灑高達八英寸，而不是規定的最多四英寸，最後，為此地留下了一條寬廣、醜陋的褐色巨疤。麻薩諸塞州的一個地方，鎮上的官員從一個熱情的化學藥物銷售員那兒買了一種除草劑，卻不知道裡面含有砷。之後對道路兩旁進行噴灑後，其中一個後果就是十二頭牛因為砷中毒而死亡。

美國康乃狄克州沃特福德鎮於一九五七年在道路兩邊噴灑了化學除草劑，導致該州自然保護區內的樹木嚴重受損。哪怕是沒有直接噴灑的大樹也受到了影響。雖然是在萬物生長的春季，橡樹葉也開始捲曲發烏。而後新梢開始出現，長速快得出奇，樹枝低垂，樹木看起來好像在啜泣。兩個季節之後，粗大的枝幹已經枯死，其他的也光禿禿的，而整棵樹木畸形的啜泣姿態就佇立在那裡。

有一段我很熟悉的小路，邊界處是自然本身的景色，有榿木、夾蓮花、香蕨、杜松，隨著季節更迭，鮮豔的花朵散發著不同的芬芳，在秋季，果實如簇簇寶石垂掛枝頭。這條路上沒有川流的車馬，也鮮有急轉彎或是岔口，司機的視線就不會被灌木阻擋。然而藥物噴灑者卻接管了這裡，這幾英里的道路成了人們想要快速穿越的地方，這裡變成了需要忍受的景象，我們任由科技將這個世界變成醜陋的不毛之地，卻緊閉大腦不去考慮這些。但在一些地方，當局也或多或少有些搖擺不定，由於不明所以的失察，在嚴格的管控中間會存有美麗的綠洲——這些綠洲使得被玷汙的大部分道路變得更加難以忍受。在這些地方，看到白色三葉草的搖曳身姿，看到成片的紫豌豆，看到飛鳥百合似火的花朵，我們的精神也為之一振。

對於以售賣和噴灑化學藥物營生的人來說，這些植物只是「野草」。我曾在某次治理野草研討會（這樣的會議現在已經司空見慣了）會議記錄中的某一卷中讀到鋤草者的哲學，令人匪夷所思。作者對殺害好植物的做法進行了辯護「僅僅因為它們與壞植物為伍」。有人抱怨路旁的野花被殺害了，他們提醒了作者，他這樣說那些反對活體動物解剖者：「對他們來說，如果要以行動來評判人，流浪狗的生命要比孩子們的更珍貴。」

無疑，我們大部分人都會懷疑這篇文章的作者性格扭曲，因為我們更喜歡由野豌豆、三葉草和飛鳥百合組成的景象，喜歡它們精緻而又瞬息萬變的美，而不是好似被火燒焦的路邊景色，灰突突的灌木叢非常脆弱，歐洲蕨曾高高揚起自己引以為傲的花邊，現在卻枯萎下垂。我們能夠忍受有這些「野草」存在的風景，我們不因它們的根除而欣喜若狂，我們並沒有因為人們又一次擊敗了邪惡的自然而洋洋得意——這樣我們會看起來柔弱得可悲。

道格拉斯法官講述了出席某次聯邦會議的故事，會議上專家們在討論人們抗議本章中曾提過的山艾噴藥計畫。一位老嫗因為這一計畫會毀掉野花而表示反對，這些人覺得可笑至極。「然而，難道她追求飛鳥百合和虎皮百合的權利不是和牧人追求牧草或是伐木工人砍伐樹木的權利一樣不可侵犯嗎？」這位仁慈而富有感知力的法官如是問道。「原野之美同礦山中的銅礦、金礦一樣，同山中森林一樣，都是我們的遺產。」

當然比起這種美學上的考慮，我們想要保護道旁植被的願望還有更多含義。在自然的經濟中，自然的植被有其不可或缺的地位。在鄉村道路旁隔開農田的灌木樹籬為鳥兒提供了食物、蔭蔽以及築巢之地，還是許多小動物的家園。僅在東部區域，有七十種灌木和藤蔓是典型的道路旁植物，其中約有六十五種都是野生動物的食物，有著重要意義。

這些植物也是野蜂和其他授粉類昆蟲的棲息之所。人們非常依賴這些野生授粉家，但卻通常意識不到。即使是農民也很少能明白野蜂的價值，經常參與到採用各種極端手段的活動中，使自己無法享受蜂群們的服務。一些農作物以及很多野生植物都或多或少地依賴於天然授粉昆蟲的勞作。幾百種野蜂參與到耕作物的授粉活動中——僅光顧花朵和苜蓿的就有一百種。沒有昆蟲的授粉作用，在未耕作的土地上大部分用於保持土壤和增肥土壤的植物就會滅絕，其後果之深遠，會影響整個區域的生態。許多草藥、灌木以及森林裡的樹木和牧草都依賴本地的昆蟲進行繁衍；沒有這些植物，野生動物和牲畜就很難找到食物。現在的清耕法和使用化學物質摧毀灌木籬牆和野草的行為掃蕩了這些授粉植物的最後一方淨土，扯斷了連接生物與生物的環鏈。

如我們所知，這些昆蟲對農業與景致都如此重要，牠們值得我們更好的對待，而不是無情摧毀牠們的棲息之所。蜜蜂和野蜂都非常依賴麒麟草、芥菜和蒲公英這一類的「野草」，因為牠們的幼蟲以這些植物的花粉為食。在苜蓿開花之前，紫豌豆為蜜蜂提供了必不可少的春季飼料，幫助牠們熬過這一先到的季節，這樣牠們才能為苜蓿授粉。在秋天，沒有什麼其他食物了，牠們再把麒麟草囤積起來，作為過冬口糧。由於自然本身準確又精密的時間，有一種蜂恰恰在柳樹開花的第一天出現。不乏有人瞭解個中情形，然而發號施令要求把整片土地都浸泡在化學物質中的卻不是這些人。

那些應該懂得合適的棲息地對於保護野生動物的意義何在的人在哪兒呢？他們之中有許多人被發現在捍衛除鏽劑的「無害性」，因為它們被認為比殺蟲劑的毒性要弱。因此，人們說它們不會造成危害。但當含有除草劑的雨水降落在森林裡、田野中、沼澤地裡和牧場上時，它們帶來的變化顯而易見，甚至永遠毀壞了野生動物的棲息之所。對於野生動物家園與食物的摧毀，長遠看來，危害比直接的殺戮或許還要嚴重。

這種對道路兩旁及公用線路進行不遺餘力的化學攻擊所帶來的諷刺是雙重的。它們試圖修正的問題永久存在，因為經驗已經明確表明，地毯式地使用除草劑並不能永久地控制路邊「灌木叢」，因此每年都必須進行噴灑。更為諷刺的是，我們堅持這種做法，儘管我們已經瞭解有種選擇性噴藥的方法非常可靠，透過這種選擇性噴藥的方法，我們可以長期地控制植被，同時避免對大多數植物的重複噴藥。

控制路邊和公路沿線灌木叢的目標並非將土地上除牧草以外的所有植物掃蕩一空；而是要清除那些由於過於高大而阻擋到司機視線的、或是會妨礙到公路沿線電線的植物。也就是說，主要目標是樹木。大部分的灌木都非常低矮，不會帶來危險；當然，蕨類和野花更是如此。

選擇性噴藥法是由法蘭克·艾格勒博士發明的，當時他在美國自然歷史博物館任公路區灌木管控推薦委員會主任。這一方法利用自然固有的穩定性，基於大部分灌木都會頑強抵抗樹木入侵這一事實而建立。與之相對，牧草地就非常容易受到樹木籽苗的入侵。選擇性噴藥法的目標並非在道路和公路沿線生產牧草，而是透過直接治理的方法清除高大的木本植物，同時保護其他植被。進行一次藥物治理就足夠了，因為之後那些極其頑強的物種會重新活躍，這樣灌木就取得了控制權，而樹木則一去不返了。收效最好價格最低的植被控制的方法並非化學控制，而是由其他植物進行控制。

該方法在美國東部的研究區域內進行了長期試驗。結果表明一旦進行了治理，該地區的情況就穩定了，至少二十年都不再需要重新噴藥。有時也需要在卡車底盤上裝上壓縮泵和藥物，但絕不需要進行地毯式噴灑。僅直接對樹木及一些尤其高大需要清理的灌木進行藥物噴灑。因此，環境的完整性得到了保護，野生動物棲息地巨大的價值絲毫未損，而灌木、蕨類和野花之美也未被犧牲。

一些地方採用了選擇性噴灑的方法進行植被管理。而對於大多數地區來說，根深蒂固的傳統很難消亡，地毯式噴灑仍然長興不衰，每年要壓榨納稅人一大筆錢來支付昂貴的花費，同時又破壞了生命的生態網。它興盛的原因當然只是因為這些事實並不為人所知。如果納稅人知道噴灑城鎮道路花費的帳單應當只有一代而非每年一次，他們定會揭竿而起，要求改變治理方式。

選擇性噴藥法有眾多優勢，其中一個就是它能將施加到自然中的化學物質減至最少。並非用洋洋灑灑的方式使用藥物，而是用更集中的方法，只施加到樹木的根部。這樣對於野生生物的危害就可以維持在最低水準。

最常用的除草劑是2,4-D、2,4,5-T（2,4,5-三氯苯氧乙酸，也稱2,4,5-涕酸或2,4,5-T，可用作植物的生長調節劑、除草劑。純品為白色無臭晶體，對人體有一定危害），以及與之相關的化合物。這些物質是否具有毒性是一個有爭議的問題。給自己家的草坪噴灑2,4-D，因此被噴霧弄溼的人們不時會出現嚴重的神經炎甚至麻痺症。雖然這種情形並不常見，但醫學權威仍然建議人們謹慎使用此類化合物。其他一些更加不明確的危害，可能也出現在2,4-D的使用過程中。實驗表明，該物質會干擾細胞呼吸作用的基本生理過程，同時會像X射線一樣破壞染色體。最近的一些研究表明遠低於致死劑量的此類物質和其他一些除草劑會對鳥類的繁衍造成不利影響。

除了直接的毒性效應，某些除草劑的使用會造成各種奇怪的間接影響。已經發現動物——無論是野生食草動物還是牲畜——有時會被噴灑過藥物的植物所吸引，而這種植物甚至都不是牠們原本的食物，甚是奇怪。而如果使用了像砷一樣毒性很烈的除草劑，動物想要食用這種枯萎植物的強烈願望就會不可避免地導致災難性的後果。哪怕除草劑的毒性沒有這麼強，但如果植物本身就是有毒的或者有刺的話，也會出現致命的後果。獸醫醫學文獻中有大量類似的案例：野豬吞食噴灑了藥物的蒼耳後會患上重病，羊羔會吃下噴了藥的薊草，而開了花的蒼耳噴藥後會毒害授粉的蜜蜂。野生櫻桃的葉子含有劇毒，噴灑了2,4-D之後它的葉子則會對牛群產生致命的誘惑。顯然是藥物噴灑（或砍伐）導致的枯萎狀態增添了植物的魅力。狗舌草也是個類似的例子。牲畜通常會避開此類植物，除非在晚冬早春時節因為缺乏草料才不得不吃它。然而，這種草噴了2,4-D之後，動物們爭先恐後的以此為食了。

這種奇怪的現象有時似乎可以解釋為化學物質改變了植物本身的新陳代謝。植物的糖分含量暫時性地顯著增多，使得它對許多動物而言更有吸引力了。

2,4-D的另外一種奇怪的效應對牲畜、野生生物都有著重要的影響，人類顯然也包含在其中。大約在十年前，實驗就表明使用了這種化學物質之後，棉花和甜菜中的硝酸鹽含量會急劇上升。高粱、向日葵、紫露草、羊腿草、藜草、蕁麻中都被疑有相同效應。其中一些植物通常情況下會被牛所忽略，但在使用了2,4-D之後牛卻對它們大嚼特嚼。一些農業專家稱，許多牛的死亡都可以追溯到噴了藥的野草。危險在於隨著硝酸鹽的增加，反芻動物特殊的生理機能會立刻出現嚴重的問題。大部分此類動物的消化系統都異常複雜，牠們的胃可以分為四個腔室。纖維素的消化透過其中一個腔室內微生物（瘤胃細菌）的作用來實現。如果這種動物食用了含有過量硝酸鹽的植物，胃瘤中的微生物就會作用於硝酸鹽，將其轉化為毒性極強的亞硝酸鹽。接著就是一連串的死亡事件了：亞硝酸鹽作用於血紅色素，形成一種巧克力棕色的物質，氧氣牢牢束縛於這種物質中而無法參與呼吸作用，因而氧氣就無法從肺部傳輸到各個組織。缺氧症（由於缺少氧氣）在幾小時內就會引發死亡。許多報告稱牲畜誤食了某些使用2,4-D的野草後死亡，這些案例也有了合理的解釋。其他有反芻機制的野生動物，如麋鹿、羚羊、山羊等，也面臨著同樣的危險。

雖然引起硝酸鹽含量增加的因素有許多（如天氣過於乾燥等），但是2,4-D銷售和使用情況的劇增也是不可忽視的因素。威斯康辛州大學農業實驗站認為形勢相當嚴峻，於是在一九五七年發布警告稱：「被2,4-D殺死的植物中可能含有大量硝酸鹽。」人類和動物也會因此受到危害，這也是為什麼最近「糧倉死亡」事件謎樣增多的原因。當含有大量硝酸鹽的玉米、燕麥和高粱被貯存起來時，就會釋放有毒的氧化氮氣體，對進入糧倉的人們造成致命危害。只要吸入幾口這類氣體，就會出現擴散型化學性肺炎。明尼蘇達州醫學院研究的一系列此類事件中，只有一起事件中的患者僥倖生還。

「我們在自然中散步就如同大象在擺滿了瓷器的櫥櫃裡散步一般」，一位非常瞭解這一切的荷蘭科學家貝爾加這樣總結了我們對於除草劑的使用情況。他說：「在我看來，人們把太多事情看得理所當然了。我們並不知道莊稼地裡的野草是否都有害，或許有一些是有益處的呢。」

這一問題鮮少有人提起：野草和土壤之間的關係如何呢？哪怕從我們狹隘的直接自利的角度出發，這種關係或許也是有益的。我們已經知道，土壤和生活於其中及生活於其上的生物相互依存，互惠互利。野草或許從土壤中拿走了些什麼，但它可能也會對土壤有所貢獻。最近，荷蘭某座城市的各個公園就提供了這樣一個實例。公園裡的玫瑰長勢很差。樣本檢測顯示土壤受到了小線蟲的嚴重侵襲。荷蘭植物保護管理局的科學家們並沒有建議對土壤噴灑化學藥物，反而建議把金盞草種在玫瑰花中間。這種植物出現在任何玫瑰花床上都一定會被純粹主義者認為是雜草，但它根部所釋放的分泌物卻能夠殺死土壤線蟲。這一建議得到了採納；一些花床上種上了金盞草，一些沒有種以做對照。結果令人震驚。在金盞草的幫助下，玫瑰得以怒放；而在對照組花床上的玫瑰則病懨懨的。現在很多地方都使用金盞草來治理線蟲。

或許還有其他一些植物以相同方式在維護土壤健康中有著不可或缺的作用，我們卻不知情並無情地消滅了它們。天然植物群體——現在一概打上了「野草」的烙印——的一個非常有用的功能就是充當土壤狀況的顯示器。當然，使用了化學除草劑之後，這一有用的功能就消失不見了。

那些認為噴藥可以解決一切問題的人同時還忽略了一個具有重大科學意義的問題——有一些天然植物群落需要保留。我們需要以此為標竿，來衡量我們的活動所帶來的變化。我們需要將它們作為野生棲息地，使得昆蟲及其他有機體的原始種群可以在此得以存留，因為隨著殺蟲劑抗藥性的增加，昆蟲或許還有其他有機體會因此產生基因變化，這將在後面章節中進行解釋。有位科學家甚至建議要建立起某種「動物園」，在牠們的基因構成沒有進一步改變之前，來保留昆蟲、蟎蟲及其他此類生物。

一些專家警告，由於除草劑使用增多，植被可能會出現細小但影響深遠的變化。2,4-D這種化學物質可以殺死闊葉植物，牧草因為競爭減弱而蓬勃生長——現在某些牧草本身卻成了「野草」，給治理帶來了新的問題，也使得循環拐向了其他方向。一本關注農作物問題的雜誌最新出版的一期中提及了這一奇怪的情況：「隨著2,4-D被廣泛用於闊葉型野草的清理，牧草則逐漸成為玉米和大豆生產面臨的威脅。」

豚草是枯草熱的源頭，它提供了一個有趣的例證：人類控制自然的努力有時卻事與願違。以控制豚草為名，人們向路邊傾倒了數千加侖的化學物質。然而不幸的是，這種地毯式的噴灑卻增加了豚草的數量，而非減少。豚草是一年生植物；它的籽苗每年都需要有開闊的土壤才能生長。因此，我們防治這種植物的最好方法就是維持灌木、蕨類以及其他多年生植物的茂密生長。而噴藥屢次破壞這種保護性植被，創造出空曠開闊的土地就迅速被豚草所填滿。此外，或許引起過敏的空氣中的花粉與路邊的豚草無關，而是來自城市空地以及休耕地裡的豚草。

馬唐草化學除草劑的熱賣，表明了不合理的方法很容易大受歡迎。比起年復一年地使用化學試劑來清除馬唐草，還有一種更加便宜也更加有效的方法，即用另外一種草與之競爭，從而使其無法存活。只有在不健康的草地上才會出現馬唐草。這是一種症狀，而非疾病。如果能使土壤變得肥沃，讓其他我們需要的青草茁壯成長，或許就能創造出馬唐草無法生存的環境，因為每年它都需要開闊的空間供種子生長。

郊區居民在花圃工人的建議下，沒有對基本情況進行治理，而是繼續年復一年地在自家草坪上施加數量驚人的馬唐草除草劑，而花圃工人聽從的則是化工廠的建議。從它們的商品名稱上絲毫看不出它們的性質，許多農藥都包含了汞、砷、氯丹等。按照推薦劑量進行施加會在草坪上留下大量的此類物質。比如說，某種產品的使用者按照說明需要每公頃使用六十磅氯丹產品。如果它們使用其他產品，則會給每公頃土地施加一百七十五磅的砷金屬。我們將在後面章節中看到，鳥類的死亡數量讓人擔憂。而這些草坪對人類有多致命尚不得而知。

一些地方在道路和公路沿線的植被管理中使用了選擇性噴藥法而取得了成功，這就給了我們希望：可以將同樣環保的方法用於農場、森林和牧場的植被項目，這些方法並非旨在清除某一種物種，而是將植被作為一個活的群落進行管理。

其他一些可靠的成就也說明了我們可以做到什麼。在抑制多餘植被生長方面，生物防治取得了驚人的成功。自然自己解決了許多現在困擾我們的問題，而她的解決方式通常都非常成功。如果人類足夠聰慧，可以模仿自然的方式，那麼通常也會受到成功的眷顧。

在治理多餘植物領域有一個突出的例子：加州對於卡拉馬斯雜草的處理。卡拉馬斯雜草（又名山羊草）是歐洲的本土植物，在那裡它被稱為聖約翰斯沃特草。它隨著人類一起向西遷移，於一七九三年左右首次出現在美國賓州的蘭卡斯特。一九〇〇年，它到達了加州卡拉馬斯河附近，也因此為名。一九二九年，這種草佔領了約十萬公頃的牧草地，一九五二年，這一數字則達到二百五十萬。

卡拉馬斯草，不像鼠尾草一樣屬於本土植物，在該地區的生態環境中本無其位置，沒有什麼動植物需要它。相反，只要它一出現，當地的牲畜就會因為食用這種有毒的植物而「滿身疥瘡、口舌潰瘍、病懨懨的」。土地的價值也相應降低，因為卡拉馬斯草被認為是折價的。

在歐洲，卡拉馬斯草或約翰斯沃特草從來都不是難題，因為有許多種昆蟲活動在這種植物周圍；牠們對它的大量採食嚴重限制了它的數量。尤其是法國南部的兩種甲蟲，豌豆大小，帶著金屬的色澤，牠們全部的生命都完全適應於這種草，牠們以它為食，並且只在這種草上面繁殖。

這兩種甲蟲於一九四四年被首次運到美國，這一事件頗具歷史意義，因為這是北美洲首次嘗試利用食用某種植物的昆蟲來治理該植物。截至一九四八年，這兩種昆蟲都得到了很好的發展，不再需要繼續引入了。人們每年從牠們的原產地收集這兩種甲蟲，並以每年幾百萬隻的速度進行投放，使之得以傳播。在較小的區域範圍內，這些甲蟲自主進行擴散，而一旦卡拉馬斯草滅絕之後就立刻隨之轉移，非常精準地重新確定新的聚集地。這種草因為甲蟲而變得稀疏後，那些曾被擠出去的牧草植物就得以重新生長。

於一九五九年結束的一場長達十年的調研表明，對於卡拉馬斯草的治理工作「甚至比樂觀主義者所期待的還要有效」，這種野草被減少至只有之前的一％那麼多。這種象徵性的侵襲是無害的，而且也需要維持甲蟲的數量以應對卡拉馬斯草在將來出現增長。

另外一起極為成功也極為實惠的雜草治理案例發生在澳洲。殖民者通常熱衷於將動植物帶往一個新的國家，而一位名為亞瑟・菲利浦的船長就於一七八七年前後，將幾種不同的仙人掌帶到了澳洲，想用它們培育胭脂蟲進行染色。一些仙人掌或仙人球從他的花園裡逃逸，截至一九二五年，野外大概生長著二十種仙人掌。它們在這一新的領地上因沒有天敵而瘋狂蔓延，最終佔領了約六千萬公頃的土地。其中至少有一半土地因被蓋得嚴嚴實實而荒廢了。

一九二〇年，澳洲的生態學家被派往南北美洲——仙人球的原籍，來研究它們的昆蟲天敵。在對若干物種進行了實驗後，澳洲於一九三〇年投放了三十億顆阿根廷蛾的蟲卵。七年之後，最後一塊長滿了仙人球的土地也得到了治理，那些曾經不適宜居住的土地向定居者和放牧者重新敞開了懷抱。整個行動算下來，平均每公頃花費不超過一便士。與之相對，前些年用化學藥物進行治理的嘗試不僅效果不佳，每公頃還要十美元。

這兩個例子都表明，如果多關注一下以某種植物為食的昆蟲所扮演的角色，對於多種有害植物的治理工作都可以變得卓有成效。牧場管理科學卻極大地忽視了上述方法的可行性，哪怕這些昆蟲可能是所有食草動物裡最挑食的，並且牠們極為挑剔的飲食很容易為人們所用。

第七章

無謂的浩劫

化學農藥噴灑的面積越大，危害就越嚴重

隨著人類向他所宣稱的佔領自然的目標前進時，他書寫了一部令人憂鬱的破壞史，不僅瞄準了他所居住的地球，而且瞄準了與他共同擁有地球的萬物。近幾個世紀的歷史有著黑暗的篇章——西部平原上的水牛遭到屠戮，水鳥被市場上的持槍者所屠殺，白鷺則因為牠們的羽毛幾近滅絕。現在，在這些和其他類似篇章之外，我們又添加了新的章節，增加了一種新的浩劫——因為任意向土地上噴灑化學殺蟲劑而直接殺害了鳥類、哺乳動物、魚類，實際上荼毒了每一種形式的野生生物。

現在指導我們達到目標的似乎是這種哲學：沒有什麼可以阻擋人們拿著噴藥槍前進的道路。他針對昆蟲進行的聖戰所造成的連帶危害算不上什麼；如果知更鳥、野雞、浣熊、貓甚至其他牲畜碰巧和目標昆蟲居住在同一塊地方，而遭到了這些有毒殺蟲劑的霧雨襲擊，任何人都不該反對。

那些希望就野生動物的損傷問題做出公平判斷的人目前陷入了兩難境地。一方面，環保主義者和許多野生動物生物學家堅稱這種損傷相當嚴重，在一些案例中甚至是毀滅性的。而另一方面，昆蟲控制機構則矢口否認這些損傷的存在，就算有也毫不重要。我們應當接受哪種觀點呢？

最重要的問題是證據是否可靠。在這一問題中，專業的野生動物生物學家當然是發現並詮釋野生動物損失的最佳人選。昆蟲學者的專長在於研究昆蟲，並未受過規範的培訓，而且從心理上也不願意查找自己提出的控制專案有哪些惹人厭的副作用。然而無論是在州政府還是聯邦政府中，當然還有化工廠中，一直是這些控制專案的主導者在堅決否認生物學家報告中的事實，並堅稱他們沒看到對野生生物造成了什麼危害。如同聖經中牧師與利未人的故事一般，他們選擇從另一邊走過，視而不見。哪怕我們寬容地將這種行為解釋為專家以及利益相關者短視的結果，但這並不意味著我們應當將這些人視為合格的見證人。

形成自己判斷的最好方法是關注一些大型控制專案，向熟悉野生動物行為且對化學藥物沒有偏好的觀察家學習，了解毒雨從空中落到野生生物世界中後會出現什麼結果。

無論是鳥類觀察者、因為自家花園中的鳥兒獲得歡樂的郊區居民、獵人、漁民，還是野外探索者，任何破壞某一地區野生生物的東西——哪怕就一年時間——也會剝奪他們的樂趣，而這是他們的合法權利。這是一種正確的觀點。雖然有時確實會有鳥類、哺乳動物和魚類在噴灑了一次藥物之後能夠進行自我重建，但也已經造成了實實在在的嚴重危害。

但是這種重建不太可能出現。藥物噴灑通常是重複進行的，野生生物有可能在單次噴灑後復原，但很少會有單次噴灑的情形。通常會形成有毒的環境，建立致命的陷阱，無論是原有生物還是外來的都會因此死亡。噴灑的面積越大，危害就越嚴重，因為安全的綠洲已經不復存在。這十年的顯著特點就是昆蟲治理項目，各種私人或社區的噴藥行為穩步增長，美國野生動植物被傷害和死亡的記錄因此不斷累積。

我們來看看其中一些項目，看看都發生了些什麼。一九五九年秋天，密西根東南部有大約二萬七千公頃土地（包括底特律的大片郊區）大量噴灑了阿特靈藥粉，這是最危險的氯化烴中的一種。密西根農業部和美國農業部共同引導了這一專案；他們稱其主要目的是為了治理日本甲蟲。

這種激烈而危險的行為看起來沒什麼必要。相反地，沃爾特·尼克威爾（美國最知名也最有見識的自然主義者之一，每年夏天都將大量時間花在密西根南部的田野裡）宣稱：「據我所知，過去三十多年來，底特律市只存在少量的日本甲蟲。這麼多年來，牠的數量一直沒有出現任何可見的增長。除了被底特律政府設置的捕獲陷阱所抓到的那幾隻，我從沒見過任何一隻日本甲蟲（一九五九年）……這一切都如此隱祕，我還沒看到任何因為牠們數量增加而造成的影響。」

而州政府機構僅發布了一則官方聲明稱這種甲蟲已經在一些地方「出現」，因此我們要對其發動空襲。儘管缺乏正當理由，但這一專案仍然啟動了，州政府提供人力並監控整個行動，聯邦政府提供設備及額外的人員，社區則負擔殺蟲劑的費用。

日本甲蟲因意外傳入美國，於一九一六年在紐澤西州被人發現，當時在里弗敦附近的一個苗圃裡人們發現了一些閃閃發光帶著綠色金屬色澤的甲蟲。人們一開始不知道這是什麼，最後知道原來是日本本島的一種常見昆蟲。牠們顯然是在一九一二年發布限制令之前隨著苗木進口到美國的。

這種日本甲蟲從它最初進入的地方，擴散至東密西西比河的大部分地區，這些地方的溫度及降水條件都非常適宜牠的生長。每一年，牠們現有的分布界限都會向外擴張。東部地區是最早發現這種甲蟲的地區，在這裡，人們嘗試進行自然控制法。許多記錄表明，在採用這種方法的地區，甲蟲的數量都保持在相對較低的水準。

儘管東部地區有進行有效控制的先例，而仍處於甲蟲範圍邊緣的中西部地區仍然發動了戰爭，似乎要打擊的是死敵而非一種危害性一般的昆蟲，他們使用了最危險的化學物質，採用的噴灑方式會讓大量的人類、他們的牲畜以及全部的野生生物暴露在這種毒素中。正因如此，日本甲蟲治理項目對動物造成了驚人的破壞，也將人類暴露在無可爭辯的危險之中。密西根州的各個地方，肯塔基、愛荷華、印第安那、伊利諾以及密蘇里都以甲蟲控制為名，經歷了這種化學雨。

儘管州政府對媒體發表的官方聲明中承認阿特靈是一種「毒藥」，卻暗指其在人口稠密區域施加該藥物不會對人類造成危害。（對於「我應該採取什麼防護措施？」這一問題的官方答案是「對於您來說，什麼都不需要做。」）當地媒體之後引用了聯邦航空機構一名官員的評論，稱「這種操作很安全」，底特律公園及娛樂管理局的一位代表也再次肯定，稱「粉塵對於人類是無害的，也不會危害到植物或寵物」。

密西根州的噴藥行動是針對日本甲蟲進行的第一次大規模空襲。他們選擇了阿特靈，一種最致命的化學藥物，這種選擇並非因為其特別適合治理日本甲蟲，而僅僅是為了省錢——阿特靈是能買到的最便宜的材料。美國公共衛生管理局、漁業及野生動物保護局曾發布過一些報告（這些報告很容易就能找到），還有其他一些證據都表明阿特靈的毒性極強，我們只得認為這些官員從來不曾查閱過這些檔案。

密西根害蟲控制法規定該州可以隨意進行藥物噴灑而不需要告知私人土地所有者，也不需要獲得他們的許可，在法律的允許下，低空飛行的飛機開始在底特律地區上空飛翔。該市政府以及聯邦飛行機構立刻被驚惶市民打來的電話圍攻。底特律新聞稱，官方在一小時內就接到了將近八百通來電，警方於是央求電臺、電視臺及報紙「告訴觀眾他們看到了什麼，並且告知他們這是安全的」。聯邦航空機構的安全官員向公眾保證，「這些飛機都處於嚴密監控中」，並且「低空飛行是得到授權的」。為了減輕公眾的恐懼，他還說這些飛機都具有安全閥，可以讓它們立刻將裝載的所有物質傾倒而出，還好他們沒這麼做。但隨著飛機進行作業，殺蟲劑的藥丸落在甲蟲上，也同樣落在人類身上，「無害」的毒藥澆在去購物和上班的人們身上，也澆在放學午休的孩子們身上。家庭主婦們掃掉門廊和人行道上的斑斑點點，據說這些斑點「像雪一樣」。之後密西根奧杜邦協會這樣說：「在房頂的瓦片間，在屋簷下的簷槽裡，在樹皮和樹枝的罅隙裡，這些由阿特靈和黏土構成的小白球，不過釘頭大小，就幾百萬幾百萬地留了下來。飄雪或下雨時，每一方水窪都是一劑可能致死的毒藥。」

噴灑行動後沒幾天，底特律奧杜邦協會就開始接到關於鳥類死亡的電話。據協會祕書安妮・波耶斯夫人說：「我在周日早上接到了一位女士的來電，稱她在從教堂回家的路上看到了許多已經死亡和將死之鳥，數量驚人，這第一次顯示出人們對於噴藥的擔憂。噴藥活動在周四完成。她說那裡完全沒有鳥兒在飛，她在後院發現了至少十幾隻死鳥，而她的鄰居則發現了死掉的松鼠。」波耶斯夫人那天接到的其他所有電話都報告稱「有許多死鳥，沒一隻活的……那些裝滿了鳥類餵食器的人說餵食器旁邊一隻鳥也沒有」。而奄奄一息的鳥兒都出現了殺蟲劑中毒的典型症狀——顫動、失去飛行能力、麻痺、抽搐等。

鳥類並非唯一一種立刻就受到影響的生命。當地的一位獸醫稱他的診所裡擠滿了突然患病的貓貓狗狗。病症包括嚴重腹瀉、嘔吐以及抽搐等。而獸醫所能給出的唯一建議就是除非必要情況否則不要讓動物外出，一旦外出，回來就要立刻清洗牠們的爪子。（但水果蔬菜上的氯化烴類物質則無法清洗，因此不要期待這種方法有多大的保護作用。）

儘管縣市的衛生官員都堅稱鳥類肯定是被「噴灑了其他藥物」，而人們因為暴露在阿特靈中而出現喉嚨痛和胸悶等症狀，也一定是因為「其他原因」，當地的衛生部門源源不斷地接到投訴。底特律有一位有名氣的內科醫生在一小時內接收了四名病人，他們都是在觀看工作中的飛機時生病的。所有人的症狀都很相似：噁心、嘔吐、打冷顫、發燒、極度疲勞以及咳嗽。隨著使用化學藥劑治理日本甲蟲的壓力逐漸增加，很多其他社區也經歷了發生在底特律的事情。在伊利諾州的藍鑽島，人們發現了幾百隻已經死去的和奄奄一息的鳥。從事鳥類標記工作的人收集到的資料表明，有八〇%的黃鶯都死掉了。而在伊利諾州的朱利葉市，大約三千公頃的土地在一九五九年使用了七氯。當地一家運動員俱樂部的報告稱，噴藥地區的鳥群「幾乎被徹底消滅了」；還發現了大量野兔、麝鼠、負鼠和魚的屍體，當地一家學校把收集受到殺蟲劑毒害的鳥類作為一項科學作業。

為了創造一個沒有甲蟲的世界，沒有哪個社區比伊利諾東部的謝爾登和與之毗鄰的易洛魁縣所付出的代價更慘了。一九五四年，美國農業部和伊利諾農業部開啟了清除日本甲蟲的項目，就沿著這些甲蟲進軍伊利諾州的線路，他們希望大面積的藥物噴灑可以摧毀入侵的昆蟲種群，他們也是這樣保證的。在當年發起了第一次「掃蕩」，向一千四百公頃土地上空投了阿特靈。一九五五年又用類似方法處理了二千六百英畝土地，人們以為任務已經完成了。但之後卻進行了一次又一次的化學處理，至一九六一年年末，約有十三萬一千公頃土地被化學藥物所覆蓋。哪怕在該專案剛開始的幾年，就能明顯看到野生動物和家養牲畜受到的嚴重損失，該專案卻仍然繼續下去，既沒有諮詢美國魚類和野生動物管理局，也沒有與伊利諾漁獵管理部門進行商討。（一九六〇年春天，聯邦農業部的官員出席了國會委員會，反對一項法案的通過，該法案要求人們在上述情況下需要事先進行諮詢。他們殷勤地稱這一法案毫無必要，因為進行此類合作及諮詢是「慣例」。這些官員完全想不起來在一些情況下，合作並沒有達到「華盛頓水準」。在同一法案的聽證會中，他們明確表明自己不願意諮詢州漁獵管理部門。）

針對化學控制的資金投入源源不斷，但伊利諾自然歷史調查所的生物學家，卻只能以非常少的資金用於研究化學控制對野生生物造成的危害。一九五四年，只有一千一百美元可以用於雇用農林助理員，而一九五五年則沒有任何專項資金支持。儘管困難重重，這些生物學家仍然將事實拼湊完整，共同繪製了野生生物遭到空前毀壞的景象——而只要此類專案付諸實施，這種破壞就會凸顯。

鳥類中毒情況的發生不僅取決於使用的毒藥，也取決於使用毒藥的方式。謝爾登早期的專案中，阿特靈的使用劑量為每英畝三磅。為了弄清這對於鳥類的影響，我們需要記住，在實驗室對鵪鶉進行的實驗證明了阿特靈的毒性是ＤＤＴ的五十倍。因此，遍布在謝爾敦土地上的毒素相當於每公頃大約一百五十磅ＤＤＴ！而且這還是最小量，因為在田地的交界處和拐角處藥物的噴灑會有重複。

隨著化學藥物滲透到土壤中，甲蟲卵就爬到地面上，在那兒待上一段時間，直到死去，這會吸引捕食昆蟲的鳥類。進行化學處理之後的兩個星期裡，能看見各種各樣已經死去的和奄奄一息的甲蟲。因此很容易就可以預見到鳥類的下場。棕鶇、椋鳥、草地鷚、白頭翁和野雞幾乎被連根剷除。根據生物學家的報告，知更鳥「幾乎斷滅」。一場細雨之後，可以看到大量蚯蚓的屍體。對於其他鳥類而言，曾經的好雨也變了，因為毒藥的邪惡力量進入了牠們的世界而變成了毀滅之利器。鳥兒如果在噴藥幾天後雨水留下的水窪中飲水沐浴的話，一定在劫難逃。而存活下來的鳥兒也因此無法繁衍。雖然在噴了藥的地方還能找到幾處鳥巢，可能會有蛋，卻沒有幼鳥。

在哺乳動物中，地松鼠幾乎滅絕了，牠們的屍體帶有明顯的被毒死的特徵。在噴了藥的地方有麝鼠的屍體，在田野裡有死了的兔子。黑松鼠是這個城鎮中相當常見的一種動物，卻在噴藥之後了無蹤跡。

在消滅甲蟲的戰爭開始之後，很難在謝爾登地區的農場看到貓的身影。在第一次噴藥行動中，九〇%的貓都遭到了地特靈的荼毒。從這些毒藥在其他地區的黑暗史來看，這些是可以預見的。貓對於所有殺蟲劑都非常敏感，而且似乎對地特靈尤為敏感。世界衛生組織在爪哇島西部開展了抗瘧疾專案，許多貓就死掉了。與之類似，該組織在委內瑞拉進行了化學藥物噴灑之後，貓就變成了稀有動物。

在謝爾登，治理昆蟲的戰役中犧牲的不僅包括野生生物和家養寵物。對幾處羊群和牛群進行的觀察表明，中毒和死亡也同樣威脅著大型牲畜。自然歷史調查所的報告描述了其中這樣一個場景：

五月六日，綿羊從噴灑過地特靈的田野裡被趕到一條碎石路對面的一個小牧場，因為這個藍草牧場未被處理。但顯然有些噴霧穿過了馬路，飄落在牧場裡，因為羊群幾乎立刻就出現了中毒症狀。牠們對食物失去了興趣，並變得極端躁動，沿著牧場的籬笆轉了一圈又一圈，顯然是想找路出去……牠們不願意被驅趕，不停地咩咩叫，耷拉著腦袋；最後終於把牠們從草場裡弄出去了……牠們非常想喝水。流經牧場的溪流裡找到了兩隻羊的屍體，其餘的羊不斷地從溪流中被驅趕出去，有一些需要使勁才能拽出去。最後還是死了三隻羊，那些活下來的羊也終於恢復至原來的狀態。

這是一九五五年年底的情形。雖然接下來的幾年化學戰爭一直繼續，僅有的一點研究經費卻徹底枯竭。自然歷史調查所向伊利諾立法機關提交的年度預算中雖然包含了用於研究野生生物與殺蟲劑關係的經費申請，卻難逃首批就被砍的厄運。直到一九六〇年，才不知怎麼弄到一點錢來僱了一位農林助理員，而他要做的工作四個人也很難做完。

生物學家繼續進行於一九五五年中斷的研究時，野生動物受到損害的荒涼場景幾乎沒什麼改變。與此同時，化學藥物卻變成了毒性更強的阿特靈，對鵪鶉的實驗表明其毒性為ＤＤＴ的一百到三百倍。一九六〇年，已知的每一種居住於此的野生哺乳動物都受到了損害。鳥類的情況更嚴重。在一個叫作多諾萬的小鎮上，知更鳥幾乎已經滅絕，白頭翁、八哥和棕鶇也是如此。在其他地方，這些鳥的數量也銳減。捕獵野雞者明顯感受到了甲蟲戰爭的後果。在噴灑了藥物的地區，孵窩的數量減少了一半，每個窩裡幼鳥的數量也減少了。前些年這些地方捕獵野雞的營生非常好，後來卻因為收入太低而名存實亡。

儘管為了消滅日本甲蟲，這些地方遭受了巨大浩劫，但花了八年時間對易洛魁縣的十萬公頃土地進行藥物噴灑的行動，對於這種昆蟲似乎只有暫時壓制的作用，牠們仍在不斷地繼續西進。這一浩大卻收效寥寥的項目總共付出了多少代價或許永遠都無法知道，因為伊利諾生物學家只對非常少量的結果進行了測量。如果研究專案資金充裕，可以對專案進行全面研究，人們會看到更為驚人的破壞結果。然而在這一專案進行的八年時間中，只有六千美元可以用於生物實地研究。與此同時，聯邦政府為治理工作花了三百七十五萬美元，州政府還提供了成千上萬的額外資助。因此，研究工作的經費只相當於這一化學專案全部花銷的百分之一。

中西部打著危機精神的名號開展了這些項目，就好像甲蟲的發展極端危險，為了打壓而採取的任何措施都是合理的一樣。這當然扭曲了事實，而且如果那些浸泡在化學物質裡的當地居民熟悉日本甲蟲在美國的早期歷史，他們定然不會如此甘之如飴。

東部地區則非常幸運，他們在合成殺蟲劑發明出來之前就成功擊退了甲蟲的侵略，不但有效地控制了甲蟲，還沒有對其他任何生命形式產生威脅。在東部的地區沒有進行類似底特律和謝爾登那樣的藥物噴灑。那些地區引入了自然力量的控制，行之有效，同時具有效果持久、對環境無害等多重優勢。

這種甲蟲進入美國之後最初的十幾年裡，由於美國不是其原生地而缺乏對其制衡的力量，牠們得以快速發展。但到一九四五年，在其所到之地的大部分地區，牠們卻變成了一種非常微不足道的害蟲。這種昆蟲種群的衰敗主要是由於從遠東地區引入了寄生昆蟲，牠們身上攜帶的病原體可以致其死亡。

從一九二〇年到一九三三年，經過對該種甲蟲原生地進行不懈的探索，共從東方引入了三十四種肉食性或寄生性昆蟲。以實施自然控制。其中有五種在美國東部地區生長良好。最有效、分布也最廣泛的是來自朝鮮和中國的一種寄生性黃蜂——春臀鉤土蜂。雌蜂在土中找到一隻甲蟲幼蟲時，就會向其體內注入麻醉性液體，並將一顆卵黏附在幼蟲底部。黃蜂以幼蟲的形式孵化出來後，以麻醉的甲蟲幼蟲為食並將其毀滅。在大約二十五年間，東部十四個州都透過聯邦政府和州政府的一個合作專案引入了這種土蜂。這種黃蜂在該地區得到了廣泛發展，昆蟲學者們認為牠們在控制甲蟲中產生了重要作用。

一種細菌性的疾病發揮了更為重要的作用，它能影響日本甲蟲所屬的甲蟲家族——金龜子科甲蟲。這是一種非常有針對性的有機體，不攻擊其他任何昆蟲，對於蚯蚓、溫血動物以及植物都無害。這種疾病的孢子出現在土壤中。當它們被覓食的甲蟲幼蟲消化時，就會在血液中成倍擴張，使血液呈現反常的白色，因此它的俗名被稱為「乳白病」。

乳白病於一九三三年在紐澤西州被發現。截至一九三八年，在最早受到日本甲蟲入侵的地區，這種病已經得到了廣泛傳播。一九三九年開展的一個專案旨在加速這種疾病的擴散。雖然沒有辦法在人工媒介中培養這種病原體，但逐漸進化出了一種讓人滿意的替代品，由被感染的幼蟲碾碎、烘乾並與粉筆末混合而成。一克標準粉塵混合物裡含有一億個孢子。一九三九年到一九五三年間，東部十四個州有約九萬四千公頃土地，透過聯邦和州政府間的合作專案有效控制了這種甲蟲；聯邦土地上其他地區的甲蟲也得到了有效控制；私人組織和個人還對數量未知但大面積的土地進行了治理。截至一九四五年，乳白病盛行於康乃狄克、紐約、紐澤西、德瓦拉和馬里蘭各州的甲蟲種群中。在某些測試區裡，受到感染的甲蟲幼蟲高達九四%。這一項目於一九五三年不再作為政府項目繼續，一家私立實驗室接管了生產，繼續對個人、花園俱樂部、公民協會以及所有其他有意進行甲蟲治理的人提供該產品。

在實施了該專案的東部地區現在享受著對甲蟲的高度自然控制。這種有機體可在土壤中保存數年，因此實際上它們將永遠存在於土壤中，效力不斷增加，並由自然媒介不斷傳播。

那麼，既然東部成績斐然，伊利諾和中西部的其他州為什麼不採取相同的程序，而是選擇了導致人們現在怨聲載道的化學戰呢？

有人說乳白病的接種「造價太高」——儘管一九四〇年代也沒人這麼覺得。那麼是透過什麼演算法得出來「造價太高」的結論呢？和計算謝爾登市進行的藥物噴灑項目帶來的危害總共付出了多少代價肯定不是同樣的方法。這一判斷也忽視了這一事實：孢子的接種只需要進行一次；這是種一次性的花費。

還有人說乳白病無法用於甲蟲種群的外緣，因為只有當土壤中已經有大量的甲蟲幼蟲時，才可使用這種方法。如同其他支持噴藥法的言論一樣，這種說法也值得質疑。引發乳白病的細菌可以使其他至少四十種甲蟲受到感染，這些甲蟲加起來分布範圍極廣，哪怕在只有少量或者沒有日本甲蟲的地方，它們也足以使這種疾病發展起來。更何況，由於孢子在土壤中可以長期存活，目前處於甲蟲範圍邊緣地區的土壤也可以先行引入，即使裡面完全沒有甲蟲幼蟲，它們也可以等到正在前進中的甲蟲到來之日再發揮作用。

那些不惜代價要求得到立竿見影效果的人，毫無疑問，會繼續使用化學物質對抗甲蟲。那些愛趕時髦不喜歡老一套的人也會如此，而化學控制不是一朝一夕的事，需要不斷花大價錢重複進行。

另一方面，那些願意等上一兩個季節，等乳白病的作用充分發揮的人，他們則會收到回報，他們能夠長久持續地控制甲蟲，而且這種效果會隨著時間的流逝增強而非減弱。

美國農業部在伊利諾皮奧瑞亞的實驗室正開展一項範圍廣闊的研究專案，試圖找到在人工介質中培養乳白病有機體的方法。這將大大削減成本，有利於該方法得到更為廣泛的使用。經過數年的努力，現在已經取得了一些成就。當這一「突破點」能徹底確定時，或許能給日本甲蟲之戰添加一些智慧與遠見，而現在這場戰爭帶來的掠奪已經達到頂點，這些中東部項目所造成的噩夢般的破壞行為將永遠無法得到合理解釋。

像伊利諾東部的噴藥事件所帶來的問題已不僅是科學問題還有道德問題。這個問題是，有沒有什麼文明能夠對生命發動一場無情的戰爭而不使自己滅亡，也不失去能夠稱之為文明的權利。

這些殺蟲劑並非是有針對性的毒藥：它們並沒有將我們想除去的那一種挑出來。使用每種殺蟲劑的原因都很簡單：它們是致命毒藥。因此它們會毒害所有接觸到的生命：有些人家喜歡的貓咪，農人的牛，田野裡的兔子和劃破天空的角雲雀。這些生命對人毫無害處。事實上，牠們的存在使得人類的生活更美好。然而人類卻以突然而又可怕的死亡回饋牠們。

謝爾登的科學觀察者如此描述一隻瀕死的草地鷚：「雖然牠已失去了肌肉的協調性，無法飛行或站立，牠側身躺著，卻不停地拍打翅膀，腳趾繃得緊緊的。嘴巴大張，呼吸非常艱難。」更可憐的是死去的地松鼠做出的無言證詞，牠們「表現出對於死亡的典型態度，背部彎曲，前腿的腳趾緊緊攥著，前腿向胸部靠攏……頭和脖子向外伸著，嘴裡時常有泥土，表明牠們在奄奄一息時，曾一直朝著地面啃咬」。

如果默許了這種行為而使動物忍受如此折磨，我們之中有誰不會因此而辱沒了作為人類的尊嚴呢？

第八章

鳥兒不再歌唱

野生鳥類被傷害和死亡的記錄不斷地累積

現在美國有越來越多的地方，春天來時，卻無鳥兒報春；歸來時悄然無聲，清晨也異常安靜，以前可總是充滿了鳥兒的美妙歌聲。鳥兒歌聲突然靜默了，牠們給我們的世界所帶來的色彩、美麗與樂趣也被清除了，對於那些目前仍未受到影響的地區居民來說，這些變化來得太快又悄然無聲，不為人們所注意。

伊利諾州辛斯戴爾鎮上的一位主婦懷著絕望的心情給世界最頂尖的鳥類學者之一羅伯特．庫什曼．墨菲寫信，他是美國自然歷史博物館鳥類館的名譽館長。

「我們村子裡已經給榆樹噴了好幾年藥了（她寫信的時間為一九五八年）。我們六年前搬來這裡的時候，這裡有很多鳥；我裝了一個鳥類餵食器，一整個冬天都會有紅雀、山雀和五子雀絡繹不絕地前來覓食，天時紅雀和山雀還會帶著牠們的幼鳥前來。

在噴了ＤＤＴ幾年後，鎮上幾乎已經沒有了知更鳥和椋鳥的蹤影，已經有兩年了，我的餵食器上都沒有了山雀的痕跡，今年也看不見紅雀了，周圍在孵窩的鳥好像只有一對鴿子，或許還有一窩貓鵲。

很難跟孩子們解釋鳥兒們都被殺死了，因為他們在學校裡學的有一項是聯邦法律保護鳥類不受殺害或捕捉。「牠們還會回來嗎？」他們問我，我卻無言以對。榆樹還在死去，鳥兒們也一樣。現在有沒有採取措施呢？可以採取什麼措施呢？我能做些什麼呢？

在聯邦政府為消滅火蟻而開啟了大規模噴藥專案後一年，一位阿拉巴馬州的女士寫信說：

「過去五十多年來，我們那裡一直是一個不折不扣的鳥類自然保護區。去年七月，我們突然意識到，『今年的鳥格外多』。然後，在八月的第二個星期，牠們突然全部都消失了。我習慣早起照料我最喜歡的一頭生了小馬駒的母馬，卻聽不到鳥兒的一聲啼叫。真是奇怪又嚇人。人類對這個美好的世界做了些什麼？最後，五個月之後，才有一隻冠藍鴉和一隻鷦鷯出現了。」

這位女士信中所提到的那個秋天裡，還有一些令人沮喪的來自最南部的報告。國家奧杜邦協會及美國魚類和野生動物管理局出版的季刊《田野筆記》中提到，在密西西比、路易斯安那州和阿拉巴馬州，「那些地方幾乎沒有任何鳥類生命」，讓人震驚。《田野筆記》是由經驗豐富的觀察者的報告編制而成，他們花費多年時間在自己特定的地區進行野外觀察，對於該地區正常鳥類生命有著極其豐富的知識。其中一位觀察者報告稱，那個秋天在密西西比南部開車周遊時發現「在很長的路程裡都無法看到地上有鳥」。另外一個觀察者稱，她的餵食器中的食物「幾個星期到頭」動都沒動，而她院子裡結了果的灌木叢在那時通常都被吃乾淨了，那年卻仍然掛滿了漿果。還有一個觀察者稱他的落地窗「往年都能捕捉到四五十隻紅雀聚集而成的紅色場景，同時還擠滿了其他鳥類，今年卻只能偶爾看到一兩隻鳥的身影」。西維吉尼亞大學的莫里斯・布魯克斯教授是阿帕拉契山地區的鳥類學權威，他說西維吉尼亞的鳥類數量出現了「令人難以置信的減少」。

其中一個故事可謂是鳥類命運的悲劇象徵——牠們的命運已經超過了某些種類，並且威脅了所有種族。這就是知更鳥的故事，每個人都熟知這種鳥。對於數百萬的美國人來說，每年第一隻知更鳥的出現意味著冬天的力量已被打破。報紙會報導牠的到來，人們也會在早餐桌上急切地分享這一消息。隨著北歸鳥兒數量增多，樹林裡也出現了第一抹綠，許多人都傾聽知更鳥在晨間的第一聲清啼，是牠們讓清晨的光明亮起來。但現在一切都變了，甚至連鳥兒的北歸都非常事了。

知更鳥的存亡，事實上還有許多其他物種的存亡，似乎都與美國榆樹的命運息息相關。從大西洋到洛磯山，這種樹似乎是這裡幾千個城鎮歷史的一部分，它們賦予這裡的街道、村莊廣場還有大學校園以美麗的綠色拱門。現在這些榆樹受到了疾病的侵襲，這種疾病蔓延至整個榆樹生長的區域，病情十分嚴重，許多專家認為所有救治榆樹的努力最後不過是白費力氣。失去這些榆樹是個悲劇，但如果對其進行救治卻徒勞無功，又讓大部分的鳥類都陷入消失的黑暗裡，那就是雙重悲劇了。然而目前這種可能正威脅著我們。

這種所謂的荷蘭榆樹病於一九三〇年前後從歐洲傳入美國，是隨著鑲板工業進口的榆樹節進入的。這是一種真菌類疾病；這種有機體會侵入樹木的輸水管內，隨著樹葉的流動擴散孢子，透過其毒液和機械堵塞的雙重作用，枝幹開始枯萎，樹木逐漸死亡。這種疾病會經過榆樹皮甲蟲在生病的樹木和健康樹木之間遷移而得到傳播。這種昆蟲在已死掉的榆樹樹皮下挖開的隧道被入侵的真菌孢子所汙染，孢子附著在昆蟲的身體上，牠飛到哪兒就被帶到哪兒。而治理榆樹病這種真菌性疾病大部分都是朝著治理這種昆蟲的方向開展。一個社區接著一個社區，尤其是在美國榆樹的重要據點（美國中西部和新英格蘭），大範圍的噴藥已經成為例行程序。

這麼噴藥會給鳥類——尤其是知更鳥——帶來什麼？密西根州立大學的兩名鳥類學者——喬治・華萊士教授和他的研究生約翰・梅納的研究首次回答了這一問題。梅納先生於一九五四年開始做博士論文時，他選擇了和一個知更鳥種群有關的研究專案。這一選擇非常偶然，因為那時沒有人認為知更鳥處於危險之中。但正當他要進行此項工作時，出現了一些問題改變了事情的性質，甚至讓他無法擁有研究對象。

對於荷蘭榆樹病的治理於一九五四年在該大學校園裡進行了小範圍的藥物噴灑。第二年，東蘭辛市（該大學的所在地）也加入了該專案，對於校園的噴灑範圍擴大了，同時，由於該地還開展了對於吉普賽蛾子和蚊子的治理專案，化學藥物的毛毛細雨發展成了傾盆大雨。

一九五四年是進行輕度噴灑的第一年，一切看起來還不錯。第二年春天，南遷的知更鳥又同往常一般回到了學校。如同湯姆林森那首經典的散文「失落的樹林」中的藍鈴花一樣，它們重回故土時「未曾想到厄運的降臨」。但是很快人們就發現事情不太對勁。學校裡開始出現死去的和瀕死的知更鳥。很少能像平常一樣看到鳥兒覓食或是搭建巢穴，很少看到搭好的鳥巢，很少有幼鳥的身影。接下來的幾個春天，這一模式都在單調地重複著。噴灑了藥物的地區變成了致命陷阱，每一撥歸來的知更鳥都會在大約一周之內被消滅。會有新來的鳥兒進來，卻只是徒增校園裡死去鳥類的數量，牠們極度痛苦地戰慄，不久就會死去。

「對於大部分想要在這個春天定居於此的知更鳥來說，這個校園可稱得上是墓地。」華萊士博士說。但為什麼呢？一開始他懷疑是某種神經系統的疾病，但很快事實就顯而易見了：「儘管要製造殺蟲劑的人信誓旦旦地說他們的噴霧『對鳥類無害』，知更鳥確實是死於殺蟲劑中毒；牠們表現出了眾所周知的那些症狀：失去平衡，繼而出現戰慄、抽搐乃至死亡。」

一些事實表明知更鳥之所以被毒害，大多數不是由於直接接觸殺蟲劑，而是由於吃了蚯蚓而間接死亡。在一個研究項目中，大學裡的蚯蚓被不經意間作為小龍蝦的飼料，所有的小龍蝦暴斃身亡。給實驗室籠子裡的一條蛇餵了這種蚯蚓後，牠也出現了劇烈戰慄的症狀。

烏爾班納市伊利諾州自然歷史研究所的羅伊・巴克博士不久後就拼上了這個七巧板最關鍵的一塊。巴克博士的研究成果於一九五八年出版，他追溯了這一系列錯綜複雜的事件，證明知更鳥的命運透過蚯蚓與榆樹連接在一起。樹木在春天噴藥（通常以每五十英寸噴灑二至五磅DDT為標準，在榆樹密集的地區，這一劑量相當於每公頃二十三磅），通常七月再噴灑一次，濃度約為第一次的一半。強力的噴霧器對準這些極高大的樹木，在其周身噴出一條毒流，不僅直接殺死了目標——樹皮甲蟲，也殺死了其他昆蟲，包括授粉的昆蟲、肉食性蜘蛛以及其他甲蟲。毒藥在樹葉和樹皮外面牢牢地裹上了一層薄膜。雨水無法將它沖掉。秋天，樹葉落在地上，堆積成潮溼的一層，並逐漸慢慢與土壤融為一體。這一過程需要依靠蚯蚓的辛苦勞作，蚯蚓以落葉為食，而榆樹葉又是牠們最愛的食物之一。在吃掉葉子的同時，蚯蚓也吞下了殺蟲劑，殺蟲劑在其體內聚積濃縮。巴克博士在蚯蚓的消化道、血管、神經以及體壁都內找到了DDT的沉積物。毫無疑問，有一些蚯蚓死掉了，而活下來的那些則成為了這種毒藥的「生物放大鏡」。春天，北歸的知更鳥就成為了這一循環中的另外一環。僅需要十一隻大蚯蚓，就可以傳遞足夠殺死一隻知更鳥的DDT。而十一隻蚯蚓只是鳥類一天食物的一小部分，牠們十來分鐘就可以吃掉十到十二隻蚯蚓。

不是所有的知更鳥服用的毒藥都能達到致死的劑量，但即便不會致命，也會造成另外一個後果，它和致命毒藥一樣會引起知更鳥種群的滅亡。不育的陰影懸浮在鳥類頭頂，其潛在的威脅甚至已經涉及所有生物。現在在密西根州立大學一百八十五公頃的校園裡，每年春天只能看到數十隻知更鳥的身影，而在噴藥之前，保守估計每年也有約三百七十隻成鳥。一九五四年，梅納進行觀測的每一隻知更鳥的鳥窩裡都有幼鳥的誕生。一九五七年的六月底，梅納只能找到一隻年幼的知更鳥，而沒有噴藥的那幾年裡，這個時節通常會有至少三百七十隻幼鳥（成鳥數量的正常繼承者）在校園裡覓食。一年後，華萊士博士在報告中稱：「春夏兩季（一九五八年），我從未在校園裡的任何地方看到一隻知更鳥雛鳥，現在我也沒發現有什麼其他人看到過。」

當然，無法繁衍雛鳥肯定有部分原因是因為在築巢工程完成之前，那對知更鳥中至少就有一隻死亡。但華萊士的一些記錄指向了更可怕的事情——鳥兒的繁殖能力實際上已遭到破壞，這一點值得人們關注。比如說，他記錄到「知更鳥和其他鳥築好巢卻沒有下蛋，還有其他下了蛋也進行了孵化卻沒孵出來。我們曾記錄到一隻知更鳥在牠的蛋上勤勤懇懇地坐了二十一天，卻沒有幼鳥破殼。而正常的孵化周期是十三天……我們的分析表明，鳥類的睪丸和卵巢中含有高濃度的DDT」，他在一九六〇年這樣告訴國會委員會：「十隻公鳥的睪丸裡DDT的量為百萬分之三十到一百零九，而兩隻雌鳥卵巢卵泡中的含量分別為百萬分之一百一十五和二百一十一。」

其他地區得出的研究很快也得出了同樣令人沮喪的發現。威斯康辛州大學的約瑟夫・西奇和他的學生在對噴藥地區和未噴藥地區進行了細緻的對比研究後，稱在噴藥地區知更鳥的死亡率至少為八六%至八八%。密西根布龍菲爾德山克蘭布魯克科學研究所致力於估算對榆樹噴藥造成了多大的鳥類損失，他們於一九五六年要求將所有被認為是DDT受害者的鳥類送往該所進行檢測。這一要求得到的反響出人意料。幾周內，該研究所的深度冷凍設備就負荷全滿，不得不拒絕接受其他樣本。雖然知更鳥是主要的受害者（一位女博士打電話給研究所稱當時她的草坪上躺著十二隻死去的知更鳥），該研究所檢測的樣本中還包含其他六十三種物種。

在對榆樹噴藥引起的破壞鏈中，知更鳥只是其中一環，而榆樹專案也只是將我們的土地滿蓋毒素的眾多噴藥項目之一。約九十種鳥類出現了高死亡率，其中包括郊區居民和自然愛好者

赤肩鷹、食雀鷹和白尾鷂。牠們應該是因為吃了肝臟和其他器官中聚積了殺蟲劑的鳥類或田鼠

息的鳴梟，或許就是因為吃了蚯蚓。發現了處於驚厥狀態的鷹和貓頭鷹，還有長角梟、鳴梟、

能會將毒素傳遞給鳴梟和倉房梟一樣的肉食者。春天大雨過後，威斯康辛州發現了幾隻奄奄一

是牠們在春天和秋天的食物。像地鼠和鼴鼠一樣在地下打洞的動物也會大量捕食蚯蚓，然後可

哺乳動物也很容易直接或間接地被牽涉到這一循環中。蚯蚓是浣熊的幾種主要食物之一，

榆樹噴藥項目的受害者。

雀——牠們在落葉中覓食時會沙沙作響，這種響聲是麻雀和白候鳥之歌——麻雀和白候鳥也是

們的歌聲最為婉轉：北美鶇、黃鶴森鶇、隱葉鶇。而那些在樹林下層裡輕快掠過茂密植被的麻

蟲、螞蟻、蛆以及其他土壤有機體——已經中毒了。其中包括三種畫眉——在所有鳥類中，牠

其他二十多種在地面上覓食的鳥中也已經出現了令人擔憂的高死亡率，牠們的食物——蠕

的幼鳥繁殖量明顯減少了，而檢測過的成鳥中含有大量DDT和七氯殘留。

地區過冬，而最近這些地方大量噴灑了七氯。現在在秋鷸身上有兩點重要發現。布倫瑞克省內

乳動物都和知更鳥一樣受到威脅。有四十五種鳥都吃蚯蚓。秋鷸就是其中一種，這種鳥在南部

論是吃樹皮的還是肉食性的。完全有理由推想所有以蚯蚓或其他土壤內有機體為食的鳥類和哺

將會看到的那樣，各種不同種類的鳥都受到了影響——無論是在地面上還是樹頂上覓食的，無

最為熟悉的那幾種。噴灑過藥物的鎮上，築巢鳥兒的數量總體上下降了九〇％之多。如同我們

而二次中毒。而在地上覓食的動物或是以前者為食的動物也非唯一因為榆樹葉面噴灑項目而瀕危的生物。所有在樹梢覓食的動物，所有從樹葉採集昆蟲為食的鳥類，在大量噴藥的地區都消失了，牠們中有森林精靈金冠鷦鷯（紅冠和金冠都包括在內），小型食蟲鳴禽，還有許多鳴鳥，這些鳥在春天南遷時成群結隊地在樹林中穿過，似五彩繽紛的生命浪潮。一九五六年暮春時節的一次噴藥延遲了，恰巧與南遷的鳴鳥大軍抵達的時間一致。之後，該地區幾乎所有種類的鳴鳥都大量死亡。在威斯康辛州的白魚灣，往年的遷徙中至少能看到一千隻山桃囀鳥；而在一九五八年對榆樹噴了藥之後，觀察者們只能找到兩隻。由於其他地區也開啟了噴藥項目，死亡名單不斷增加，而被噴霧殺死的囀鳥中有一些極富魅力，令人為之著迷：如黑白鳥、金翅雀、木蘭鳥和五月蓬鳥；還有歌聲悸動了五月森林的灶巢鳥；翅膀好似點綴著燃燃火焰的黑斑森鶯，加拿大鳥和黑喉綠林鶯。在樹頂覓食的鳥會因為吃了中毒的昆蟲而直接死亡或者由於缺少食物而間接死亡。

食物的缺乏也嚴重打擊了在天空中的燕子，牠們如同鯡魚濾食海洋中的浮游生物一般濾食空中的昆蟲。威斯康辛州的一位自然主義者報告稱：「燕子遭到了嚴重打擊。人人都在抱怨，和幾年前相比，牠們現在實在是太少了。只是在四年前，我們頭頂的天空還滿是燕子在飛翔。現在我們卻很少能看到……可能既是因為噴藥造成了食物短缺，也可能因為食用了中毒的昆蟲。」

這個觀察者這樣描述其他的鳥類：「鶲也受到了極其沉痛的打擊。鶲在任何地方都不罕見，但就是這種常見的耐寒的鶲也不見了。今年春天我見了一隻，去年一春天也只見到一隻。威斯康辛的其他養鳥者也有這樣的抱怨。過去我有五六對紅雀，現在一隻也沒有了。鷦鷯、知更鳥、貓鵲和鳴梟每年都在我家的花園裡築巢，現在一個也沒有了。夏日的清晨聽不見鳥兒的歌聲了。只剩下鴿子、八哥和家雀等寵物鳥。這太慘了，讓人無法忍受。」

秋天會對榆樹進行潛伏性的噴藥，將毒藥送入樹皮的每一個小縫隙裡，這或許是山雀、五子雀、黃雀、啄木鳥和褐旋木雀數量嚴重減少的原因。一九五七年到一九五八年冬天，華萊士博士在自己家裡的飼餵站裡沒有看到一隻山雀和五子雀，許多年來第一次有此情況。他之後發現的三隻五子雀就像上演了一個小故事，一步接著一步，結局令人痛心：一隻鳥正在榆樹上進食，另外一隻奄奄一息，具有典型的ＤＤＴ中毒症狀，第三隻已經死了。之後發現瀕死的那隻五子雀身體組織內含有百萬分之二百二十六的ＤＤＴ。

這些鳥的飲食習性不僅使牠們極易受到殺蟲劑噴霧的危害，還使得牠們的死亡在經濟上及其他不易覺察的領域令人扼腕。比如說，白胸五子雀和北美旋木雀夏季的食物包括許多樹木害蟲的卵、幼蟲及成蟲。山雀的食物中有四分之三是動物，包括許多昆蟲生命循環中的各個階段。本特在描寫北美鳥類的不朽巨著《生命歷史》一書中描寫了山雀的進食方式：「隨著鳥群的移動，每一隻鳥都在仔仔細細地檢查樹皮、細枝和樹幹，尋覓那些微小的食物（蜘蛛卵、蠶

許多科學研究都表明，鳥類在許多情況下對於昆蟲防治都有著重要作用。啄木鳥是恩格爾曼氏雲杉甲蟲的主要控制者，使這種甲蟲的數量下降了四五%到九八%，同時也是蘋果園裡蘋果卷葉蛾的主要控制者。黑頂山雀和其他冬天留下的鳥兒可以保護果園不受尺蠖的侵害。

但自然裡發生的事情卻不為這個被化學藥物浸透的現代世界所允許，噴藥不僅消滅了昆蟲，也消滅了牠們主要的敵人——鳥類。當昆蟲數量重新恢復時——這似乎總是會發生——鳥類卻不在了，無法控制昆蟲的數量。密爾瓦基公共博物館的館長歐文·葛羅梅寫信給密爾瓦基日報稱：「昆蟲的最大敵人是其他肉食性昆蟲、鳥類和一些小型哺乳動物，但是ＤＤＴ卻不加選擇地殺死了牠們，也殺死了自然自己的護衛與員警……我們是不是以進步之名變成了自己控制昆蟲的殘忍手段的受害者，只建立了短暫的舒適，卻在後來對昆蟲的控制之戰中失敗了？我們該如何控制那些新型害蟲呢，沒有榆樹了牠們會攻擊剩下來的其他樹種，但是自然界的衛士（鳥類）卻已經被毒藥殺死了。」

葛羅梅先生稱，自從威斯康辛州開始藥物噴灑以來，和死去的及瀕死的鳥兒有關的電話及信件就穩固增多。人們的質疑表明，在鳥類垂死的地區都進行過藥物噴灑或霧化。

密西根克蘭布魯克研究所、伊利諾自然歷史調查所以及威斯康辛大學等美國中西部的研究中心裡的大部分鳥類學者和自然資源保護論者也有與葛羅梅先生類似的經歷。掃一眼報紙讀者來信一欄就能清楚看到，幾乎在所有噴了藥的地方，當地居民不僅正在覺醒，對此憤憤不平，同時也比下令進行噴藥的官員更明白噴藥的危險性和不可持續性。「我很害怕這一天很快就會到來：許多美麗的鳥兒在我們的後院奄奄一息，」一位密爾瓦基的女士這樣寫道：「這樣的經歷非常可憐，令人心碎……不僅如此，還讓人沮喪讓人氣憤，因為它顯然沒有完成預定的目標……長遠來看，不保護鳥類你又怎麼能保護樹木呢？難道在自然的經濟法則中，牠們不是互幫互持的嗎？難道不破壞大自然就無法維持大自然的平衡嗎？」

其他信中也表達了這種觀點：榆樹雖然是莊嚴又遮蔭的樹木，但它們並非「印度神牛」，並不能因此發動無止境的會毀滅其他所有生命形式的戰爭。「我一直都喜愛我們的榆樹，它們似乎是我們這裡風景的標籤，」另外一位威斯康辛的女士寫道：「但是有這麼多種樹……我們也要保護我們的鳥兒。有人能想像沒有知更鳥的春天會多麼陰鬱枯燥嗎？」

對於公眾來說，這個選擇很容易就變成一個非黑即白的簡單題目：我們應該拯救鳥類還是應該保護榆樹？但事情並非這麼簡單，在化學控制領域充斥著各種諷刺，其中之一就是如果我們繼續使用這種頻繁使用的方法，很可能最後兩者都無法拯救。幻想在噴霧器噴嘴的末端就是對於榆樹的拯救，這只是危險的鬼火，只會讓一個又一個社區陷入困境，人們支付高昂的代價，卻無法收穫長效的成果。康乃狄克州的格林威治有十年定期噴藥的歷史。但一年乾旱，環境變得尤其有利於甲蟲的生長，榆樹的死亡率上升了十倍。在伊利諾的烏爾班納（伊利諾大學即位於此地），荷蘭榆樹病於一九五一年首次出現。當地於一九五三年開始噴藥。一九五九年，儘管已經噴了六年藥，但是大學校園仍然失去了八六％的榆樹，其中一半都死於荷蘭榆樹病。

在俄亥俄州的托萊多，類似的經歷促使林業部的管理人約瑟夫・斯威尼對於噴藥的結果進行了有意義的研究。該地區於一九五三年開始噴藥，並一直持續到一九五九年。同時，斯威尼先生注意到全市範圍內棉楓麟蘚的感染，在接受「書籍與權威專家」的建議進行噴藥之後加劇了。他決定親自去檢查荷蘭榆樹病噴藥的結果。他的發現使他大為震驚。他發現在托萊多，「唯一受到些許控制的地區是那些我們果斷移除了病樹的地區。而我們依賴噴藥的地區該疾病卻未被控制。在什麼措施都沒有採取的鄉下，疾病的擴散程度反而沒有城裡快。這意味著噴藥沒有消滅任何自然敵人。我們正在棄用對於荷蘭榆樹病的噴藥行為。這讓我和那些支持美國農業部給出噴藥建議的人發生了衝突，但是我有事實依據並且會堅定這一事實。」

很難理解為什麼中西部的城鎮——榆樹病只是最近才擴散至此——為何會如此堅定不移地開啟野心勃勃又造價昂貴的噴藥專案，他們顯然沒有向對此問題早有認識的地區做些調查。比如說，顯然紐約州有著與荷蘭榆樹病持續鬥爭的最長歷史，因為該疾病被認為於一九三〇年前後從紐約港傳入美國。而且紐約州今天在控制該疾病方面有著非常傲人的成績。然而它並非依賴於噴藥。事實上，它的農業推廣服務並不推薦將噴藥作為社區控制疾病的方法。

那麼紐約是如何取得其驕人成績的呢？從早期開展針對榆樹病的戰爭至今，該州都依靠嚴格的衛生管控，即立即移除或摧毀所有患病或被感染的樹木。最開始的一些結果不盡如人意，但這是因為最初人們不知道不僅要毀掉患病的樹木還要毀掉所有可能育有甲蟲的榆樹。受到感染的榆木，如果被砍掉並作為柴火儲存起來，則會釋放一堆攜帶真菌的甲蟲，除非在春天到來之前就能被燒掉。成年甲蟲會在四月末五月初從冬眠中醒來覓食，因而還是會傳播荷蘭榆樹病。紐約昆蟲學者由經驗中瞭解到那些含有甲蟲卵的木材，對於該疾病的傳播具有真正重要的意義。透過將精力集中在這些危險的木材上，不僅可以取得優異的成績，還可以將該環衛項目的費用保持在合理的範圍之內。截止到一九五〇年，紐約市荷蘭榆樹病的發病率降低至該市五・五萬棵榆樹的一％。一九四二年，威斯敏斯特開展了一項環衛專案。在接下來的十四年裡，平均每年榆樹的死亡率僅為一％。布法羅有十八萬五千棵榆樹，該城市透過使用環衛專案，也在控制該疾病方面取得了卓越成績，最近每年的死亡樹木加起來僅為總數的一％。換言之，按照這一死亡率計算，需要花三百年才能將該城市的榆樹全部毀滅。

錫臘庫紮的經歷尤為引人注目。在一九五七年之前，該地區沒有實施任何有效的項目。一九五一年至一九五六年間，錫臘庫紮失去了近三千棵榆樹。在紐約州立大學林業學院霍華德・米勒的指導下，該市在大範圍內進行了一場將所有患病榆樹及所有可能孕育甲蟲的一切榆樹源頭都除去的運動。現在每年的死亡率遠低於一％。在控制荷蘭榆樹病的領域，紐約的專家強調了環衛方式的經濟性。「大多數情況下，和能夠省下來的錢比，實際花費是非常少的，」紐約州農業學院的馬蒂斯說：「如果是已經枯死或斷掉的樹枝，為了防止造成財產損失或人員傷亡，早晚都要把它除掉。如果是可作為燃料的木材，則可以在開春之前使用，只要將樹皮拔下來或者儲存在乾燥的地方就行。如果榆樹處於將死狀態或已經病死，為防止荷蘭榆樹病的擴散而立即將其移除並不比之後不得不移走時花的錢要多，因為城市地區大部分死去的樹木最終都要被移走。」

因此，只要獲取足夠多的資訊，採取明智的方法，對於荷蘭榆樹病的治理並非毫無希望可言。雖然就目前而言，尚沒有什麼方法可以將其徹底剷除，但一旦這種疾病在某一地區出現，可以經由環衛方式將其管控在合理的範圍內，而不需要使用那些不僅沒用還會引發鳥類毀滅悲劇的方法。其他的可能性在於森林遺傳學領域，一些實驗有希望研發出一種對荷蘭榆樹病免疫的雜交品種。歐洲榆樹對該疾病高度免疫，華盛頓就種了許多這種品種。即使在該城市大量榆樹都被荷蘭榆樹病所感染的日子裡，也沒有發現一棵歐洲榆樹患上此病。

許多失去了大量榆樹的地區都迫切需要立即開展苗圃或榆林計畫重新栽植樹木。雖然這些項目很可能會將抗病性強的歐洲榆樹包含在內，但非常重要的一點是，它們應當做到物種多樣化，這樣未來發生任何疫病，都不會將一個地區的樹木毀滅殆盡。

保持植物或生物群體健康的關鍵在於一位英國生態學家查爾斯・艾爾頓所說的「對於多樣

性的保護」。現在發生的事情很大程度上就是因為過去幾代人在生物方面的無知。即使在一代人之前，也沒有人知道將大片地區種植單一品種的樹木會招來災禍。因此所有的城鎮都在道路兩旁和公園裡種滿了榆樹，現在榆樹死了，鳥類也難逃厄運。

像知更鳥一樣，美國還有一種鳥似乎也處於生死邊緣。是我們的國家象徵——鷹。在過去十年裡，鷹數量的減少令人震驚。事實表明，在鷹的環境中，有些東西在發揮作用，破壞了牠的繁殖能力。雖然尚未查明，但有證據表明殺蟲劑罪責難逃。

北美研究最廣的鷹就是沿著佛羅里達的西海岸，從坦帕到邁爾斯堡一段築巢的那些了。一位來自溫尼伯的退休銀行家查爾斯・布羅雷由於在一九三九年至一九四九年間給一千隻年幼的禿鷹做上標記而在鳥類學界享有盛名。（在此之前的鳥類標記史上，只有一百六十六隻鷹被標記過。）布羅雷先生在冬天雛鷹離巢前對其進行標記。之後重新發現了這些被標記的鷹表明這些出生在佛羅里達的鷹沿著海岸線北飛至加拿大，最遠可至艾德華王子島，而此前牠們被認為是非遷徙性鳥類。秋天，牠們重返南部，在賓州的鷹山這一注明的有利位置，可以觀測到其遷徙。

在他早期的標記工作中，布羅雷先生在他選擇的海岸線上每年都可以找到一百二十五個活躍的巢穴。每年標記的雛鷹數量約為一百五十隻。一九四七年，雛鷹的出生開始減少。一些窩裡沒有蛋了；還有一些窩有蛋卻孵不出來。一九五二年至一九五七年間，有八〇%的窩都沒能孵化出小鷹。這段時間裡的最後一年，只有四十三個窩裡有鷹。其中七個孕育了新生命（八隻小鷹）；二十三個窩裡有蛋卻孵化失敗；十三個窩裡只被成年鷹作為飼餵站，裡面沒有蛋。一九五八年，布羅雷先生跋涉了一百英里的海岸線後，才找到了一隻小鷹並對其進行標記。一九五七年裡有四十三個窩裡都可以看到成年鷹，但那年極為罕見，只有十個窩裡有發現。

雖然布羅雷先生於一九五九年辭世，因而結束了這一系列寶貴的不間斷觀察，但佛羅里達奧杜邦協會的報告及紐澤西和賓州的報告都證實了這一趨勢，我們或許得找一個新的國徽了。鷹山保護區館長莫里斯・布朗的報告尤為引人注目。

鷹山是賓州西南部的一處山脊區，風景如畫，在這裡，阿帕拉契山最東部的山脊區形成了阻擋西風吹向海岸平原的最後一道屏障。碰到山體的風會向斜上方吹去，因此，秋天的許多日子裡，這裡都會有連綿不絕的向上氣流，這樣闊翅鷹和老鷹就可以毫不費力地扶搖直上，一天就可向南飛越好多路程。山脈於鷹山交會，空中的高速公路也是如此。因此來自天南海北的鳥兒都需要在此通過這一交通要塞才能向北飛行。

莫里斯・布朗在這個保護區裡做了二十幾年的監護人，他比美國其他任何人觀察到並實際記錄下來的鷹和禿鷲都要多。禿鷹的遷徙在八月底九月初達到頂峰。這些應該是佛羅里達的鳥，在北都待了一個夏天之後返回故土。（之後在秋天和初冬時節，會有比較大的一些鷹飛過。這些應該是屬於北方的一個種族，正飛向一個未知的地方過冬。）保護區最初建立的那幾年，即一九三五年至一九三九年間，觀察到的鷹中有四〇％是一歲大小，很容易從牠們統一的暗色翅膀判斷出。但近年來，這些稚嫩的鳥則變得極為罕見。一九五五年至一九五九年間，牠們只占總數的二〇％，有一年（一九五七年）每三十二隻成年鷹中才有一隻雛鷹。

在鷹山的觀察和其他地方的發現是一致的。其中一份這樣的報告來自伊利諾自然資源委員會的一位官員艾爾頓·福克斯。鷹——很可能會在北方築巢——沿著密西西比河和伊利諾河過冬。一九五八年，福克斯先生的報告稱最近看到的五十九隻鷹中只有一隻幼鳥。世界上唯一一個鷹類單獨的自然保護區——沙士克哈那河區域的詹森島山也得出了類似結論，稱這一種族在逐漸滅亡。這個島雖然僅位於康乃狄克大壩上游八英里處，離蘭卡斯特郡的海岸半英里，卻保留了其原始的荒野狀態。自一九三四年起，蘭卡斯特的一位鳥類學家兼該保護區的館長就開始對該地唯一的一處鷹巢進行觀測。一九三五年至一九四七年期間，伏窩的情況很有規律，並且都很成功。一九四七年起，雖然有成年鷹伏窩也有產蛋的跡象，卻沒有孵出任何小鷹。

在詹森島山上和佛羅里達，同樣的情況也很常見——一些成年鷹佔據了巢穴，其中一些還下了蛋，卻很少甚至沒有孵出小鳥。要尋找原因的話，似乎只有一個原因能解釋所有現象：環境中的某種物質損害了這些鳥的生殖功能，現在每年幾乎不會有新出生的小鷹來延續香火。

許多實驗者都在其他鳥類身上人為地製造了一模一樣的情形，尤其是美國魚類和野生動物保護局的詹姆士·德威特博士。德威特博士的一個經典實驗是研究一系列殺蟲劑對於鵪鶉和野雞的影響。實驗表明在暴露於DDT或其他相關化學物質後，即使對於鳥類不會造成明顯的傷害，也會嚴重影響其繁殖能力。這一影響有不同的外在表現形式，但結局卻總是相同的。比如，在其飲食中加入DDT的鵪鶉雖然能安全度過整個繁殖期，甚至能產下正常數量的受精蛋，但幾乎沒有蛋能孵化出，「在孕育的前期階段，許多胚胎似乎能正常生長，卻在孵化階段死掉了」，德威特博士說。而那些產下的雛鳥，超過一半不到五天就死了。在另外一個以野雞和鵪鶉為對象進行的測試中，成鳥吃了一整年被殺蟲劑汙染的食物後，牠們就無法產下蛋。加州大學的羅伯特・拉德博士和理查・吉尼里博士也得到了類似的發現。如果野雞的食物中含有地特靈，「產蛋量會大幅下降，小雞的成活率極低」。根據這二位的說法，由於在蛋黃中儲存了地特靈，在孕育和孵化過程中被逐漸吸收，雖然效果延遲，卻仍對小雞造成了致命的影響。

華萊士博士和他的研究生理查・伯納德最近的研究與該結論高度吻合，他們在密西根大學的校園裡發現知更鳥的體內含有高濃度DDT。他們發現在所有受到檢測的雄性知更鳥的睪丸中，在發育的卵泡中，在雌鳥的卵巢中，在已經成型但尚未產下的蛋中，在剛孵化出就死去的小鳥體內都有毒素。這些重要的研究確立了這一事實：即使擺脫了與殺蟲劑最初的接觸，殺蟲劑的毒性也能影響一整代生物。毒素貯存在蛋裡，貯存在為胚胎發育提供養分的卵黃物質中，相當於一張死刑權杖，這也解釋了為什麼德威特的鳥中有許多尚未成熟就死去了，還有許多剛孵化出不久就夭折了。

當把這些實驗室內進行的研究應用在鷹身上時遇到了幾乎無法克服的困難。但在佛羅里達、紐澤西以及其他一些地方正在開展野外調查，希望能獲取明確的證據判斷是什麼原因導致了大部分鷹的不育之症。同時，目前有一些見解證明只想到了殺蟲劑。在有大量魚類的地方，魚是鷹的主要食物來源（在阿拉斯加，魚約占其食物構成的六五％；在切薩皮克灣地區，這一資料為五二％）。幾乎毫無疑問，布羅雷先生長期研究的鷹主要以魚為食。自一九四五年來，這一海岸地區一直重複噴灑溶於油料中的ＤＤＴ。這一高空噴灑專案的主要目標是鹽沼地裡的蚊子，牠們主要聚居在鹽沼地和海岸地區，而這也是鷹的主要覓食區域。魚和螃蟹因此大量死亡。對其組織的實驗室分析表明裡面含有高濃度的ＤＤＴ——高達百萬分之四十六，像科利爾湖中的水鳥因為捕食湖裡的魚類而在體內聚積了高濃度的殺蟲劑一樣，幾乎可以肯定，鷹也會在其體內的各個組織中累積ＤＤＴ。然後就像水鳥、鵪鶉、野雞和知更鳥一樣，鷹也逐漸失去了繁衍後代的能力，無法使其種族得以延續。

世界各地傳來回聲，告訴我們鳥類在這一現代世界所面臨的危險。各地的報告在細節上不盡相同，卻總是在重複同一主題——野生動物因殺蟲劑而遭受死亡。類似的故事屢見不鮮：法國有幾百隻小鳥和鷓鴣因為葡萄樹樹樁用了含砷殺蟲劑而奄奄一息；比利時曾因鷓鴣數量眾多而聞名的鷓鴣拍攝地，在附近的農場噴了藥後就沒有鷓鴣光顧了。

英國的主要問題比較特別，在播種前將種子用殺蟲劑進行處理的做法越來越常見。種子處理並非新生事物，但在早些年，主要使用的化學物質是殺菌劑。似乎沒有看到對鳥類造成了影響。在一九五六年前後，這一做法變成了具有雙重目的的處理：除了殺菌劑，還加入了地特靈、阿特靈和七氯來對抗昆蟲。從此之後，情況就變糟了。

一九六〇年春天，關於鳥類死亡的報告如洪水湧向英國野生動物官方組織，其中包括英國鳥類學會、英國皇家鳥類保護協會以及獵鳥協會。「這個地方就像戰場」，諾福克一位擁有私人土地的人寫道，「我的管理員找到了不計其數的屍體，包括大量小鳥——蒼頭燕雀、金翅、朱頂雀、籬雀還有麻雀……對於野生動物的破壞讓人痛心。」一位獵場看守人寫道：「我的鷓鴣被噴了藥的玉米給消滅了，還有一些野雞和其他的鳥，數以百計的鳥也都死了……我當了一輩子看守員，這種事讓我痛苦不堪。看見鷓鴣成雙成對地死去真是太慘了。」

英國鳥類學會和皇家鳥類保護協會發布了一份聯合報告，對六十七起鳥兒遇害的案例進行了描述，而一九六〇年春天對於鳥類的破壞遠非如此。在這六十七例中，五十九例是由拌種行為造成的，八例死於有毒噴霧劑。

第二年掀起了一輪中毒的新浪潮。僅諾福克的一個莊園就向上議院報告了六百隻鳥死亡，北艾塞克斯的一個農場上死了一百隻野雞。不久就發現，與一九六〇年比，更多的郡縣牽扯進來（三十四：二十三）。以農業為主的林肯郡似乎受災最嚴重，報告了一萬隻鳥的死亡。但破壞席捲了英國的全部農耕地區：從北部的安格斯到南部的康瓦爾，從西部的安格爾西到東部的諾福克。

一九六一年春天，人們的擔憂達到頂峰，參議院成立了一個特別委員會對此事進行調查，從農民、地主、農業部的代表和各種涉及野生動物的各類政府及非政府機構處收集了證詞。

「鴿子突然從天上掉下來死掉了」，一個證人如是說道。「在倫敦郊區開上一二百英里都看不到一隻茶隼」，另外一個人說道。而自然保護協會的官員作證說：「無論是這一百年來，還是我所知道的任何其他時間，都不曾發生過此類事件，在這個國家，這是野生動物所遇到的最大危機和賭博。」

相較於對受害者進行化學分析的任務來說，設備嚴重不足，全國只有兩名化學師可以進行此項檢測（一位是政府僱用的化學師，一位則是皇家鳥類保護協會的員工）。目擊者描述了焚化鳥類屍體時燃起的熊熊大火。但人們還是努力收集了一些屍體用作檢測，而在所有被檢測的鳥中，所有的鳥都含有殺蟲劑殘留，只有一個除外。這個唯一的例外是鷚，這種鳥不吃植物的種子。和鳥兒一樣，狐狸也受到了影響，或許是因為吃了有毒的老鼠和鳥而間接受到了影響。英格蘭的兔子成災，非常需要狐狸來捕食兔子。但在一九五九年十一月至一九六〇年四月期間，至少有一千三百隻狐狸死亡。狐狸死亡最嚴重的郡縣也是食雀鷹、茶隼以及其他猛禽消失的地方，這說明毒素沿著食物鏈進行傳播，從吃種子的動物傳到了有皮毛、有羽毛的肉食性動物身上。狐狸在奄奄一息之際的症狀與被氯化烴殺蟲劑毒殺的動物症狀相同。可以看到牠們神志恍惚地兜著圈子，暈暈乎乎，兩眼半瞎，直到抽搐著死去。聽證會讓該委員會確信野生動物面臨的威脅「令人十分擔憂」；據此它向下議院建議「農業部和蘇格蘭事務大臣應當保證立即禁止使用含地特靈、阿特靈、七氯的化合物或其他毒性相當的化學物質作為拌種劑的行為」。該委員會還建議應當採取更嚴格的措施，以確保化學試劑在上市之前已經在田地裡及實驗室裡進行了充分的測試。值得強調的是，這一點在各地的殺蟲劑研究中一直處於空白地帶。製造商的測試是在常用的實驗室動物身上進行的，如老鼠、狗、豚鼠等，並不包含任何野生物種，沒有鳥類、魚類的參與，而且這些測試是在人為控制條件下進行的。因此將這些實驗結果應用到野生動物的身上絕非萬無一失。

英格蘭絕非唯一因為種子處理問題而需要進行鳥類保護的國家。在我們這兒，這一問題讓加州和美國南部的水稻種植區極為頭疼。許多年來，加州種植水稻的農民都用ＤＤＴ對種子進行處理，以防止鱟蟲和水龜蟲破壞水稻幼苗。因為水稻田裡水鳥和野雞成群出沒，加州的獵人曾享有輝煌的戰果。但在過去十年裡，種植水稻的郡縣不斷傳來鳥類死亡的報告，尤其是野雞、鴨子和燕八哥。「野雞病」成為一種常見現象：鳥兒們「找水喝，突然癱瘓，而後被發現在溝渠邊和稻田埂上顫抖」，一位觀察者這樣說道。這種「病」發生在春天，那正是水稻播種的季節。使用ＤＤＴ的濃度可以將一隻成年野雞殺死許多遍。

幾年之後，出現了毒性更強的殺蟲劑，經過處理後的種子因此具有更強的殺傷力。阿特靈對於野雞的毒性是DDT的一百倍之多，現在被廣泛用於拌種。在德州東部的水稻田裡，這種行為極大地減少了樹鴨的數量，這種鴨子非常有名，一身黃褐色的羽毛，長得像鵝，生長於墨西哥岸區。事實上，我們有理由相信水稻種植者找到了一種減少燕八哥數量的方法：他們將殺蟲劑用作雙重用途，對於水稻田裡的幾種鳥類也造成了毀滅性的後果。

任何生物只要激怒了我們或讓我們感到不適就選擇將其徹底「清除」——這種慣於殺戮的行為越來越常見，隨之而來的是，鳥類發現自己是毒藥的直接目標而非連帶目標。空中噴灑諸如博拉西昂這種致命毒藥的行為越來越常見了，目的是為了「控制」鳥兒聚集的現象，因為這會讓農人感到不快。魚類和野生動物服務局認為需要對這一趨勢嚴肅地表達其擔憂，他們指出：「使用博拉西昂的地區對人類、家畜以及野生動物都具有潛在危害。」比如說，在南印第安那，一九五九年夏天，一群農民共同置辦了一架噴霧飛機，對河邊的一塊低地噴灑博拉西昂。這個地方是上千隻燕八哥鍾愛的棲息地，而牠們則以附近田地裡的穀物為食。這一問題很容易就能解決，只要稍微改變農業耕作的模式，種植各種各樣長芒類的穀物，使得鳥類無法接近就可以了——但農民們相信了毒藥的殺傷效力，於是派出了飛機來執行這一死亡任務。

結果或許讓這些農民心滿意足，因為死亡名單中包含了六萬五千隻紅翅黑鸝和八哥。其他未被查明也未記錄在冊的野生動物死亡數量就不得而知了。博拉西昂並非只針對燕八哥：它是通用型殺手。在河邊這塊低地裡閒逛的兔子、浣熊還有負鼠或許從沒去過農民的麥田，卻也被這些從不知道也不關心牠們存在的法官兼陪審團給判了死刑。

那麼人類又怎麼樣呢？加州噴了這種博拉西昂的果園裡，噴了藥一個月之後處理那些葉子的工人突然昏倒，陷入休克狀態，因為專業的醫療救治才僥倖不死。印第安那的男孩子們是不是還會在樹林和田野裡瘋跑，甚至會去探尋河道的邊緣呢？如果是的話，誰又能保證他們不會為了探尋未被破壞的自然而誤入那些有毒的地方呢？誰又將保持警戒，告訴那些無辜漫步的人他要走進的這片田地會讓人死亡——那裡所有的植被都裹上了一層致命的薄膜？儘管有讓人如此害怕的風險，這些農民卻沒有受到任何阻礙，向燕八哥發起了這場毫無必要的戰爭。

每當這種情況發生時，人們都對思考這一問題做出了迴避：是誰做出了這種決定，讓毒藥之鏈起了作用，就像將一塊卵石扔進平靜的池塘裡，激起不斷擴大的死亡波紋？是誰在天平的一個盤子裡放入了可能會被甲蟲吃掉的樹葉，在另一個盤子裡令人心痛地放入了大量各種顏色的羽毛——它們是鳥兒在被殺蟲劑的大棒不加選擇地殺害之前身上掉落下的遺物，已了無生機？誰不經過詢問就替無數人決定了——誰有這種權利——最有價值的世界是沒有昆蟲的世界，哪怕這個世界是一個不毛之地，哪怕這個世界裡沒有鳥兒拍打翅膀飛翔的美景？這種決定是當權者的決定，他們不過是被暫時賦予了權力，他在百萬公眾尚未注意到時就做出了這種決定，而對於後者而言，自然界的美麗與秩序仍然有著深遠而重要的意義。

第九章

死亡之河

淡水域中的各種化學物質已經嚴重威脅到海洋生態

在大西洋沿岸綠色海水的深處，有許多小路伸向海岸。這些是魚類巡游的小路；雖然看不見、摸不著，但牠們由沿海河流水體的流動形成。幾千年來，鮭魚都熟知這些小路並隨著這些淡水線路回到河裡，分別回到其度過了自己最初或幾年生命的地方。一九五三年夏天，鮭魚從牠們在大西洋遠海地區的覓食地來到了新布倫瑞克省海岸上一條叫作米拉米奇的河中，並由此溯游而上至其出生的河流中。米拉米奇河的上游有幾條綠蔭掩映的小溪組成了河道網路，鮭魚在秋天把卵儲存在布滿沙礫的河床上，河床上有冷冽的溪水輕快流過。這種水域位於大型的針葉林區，森林裡有雲杉、冷杉、鐵杉與松樹，成為了鮭魚生存所必需的產卵地。

這種情況以一種古老的方式不斷重複，使得米拉米奇成為北美最適宜鮭魚生長的溪流之一。但在那一年，這種模式被打破了。在秋冬時節，個大皮厚的鮭魚卵就待在布滿沙礫的淺槽中，這些溪槽是鮭魚媽媽在小溪底部挖出來的。在嚴寒的冬日，牠們發育得十分緩慢，這就是牠們的生長方式，只有在春天森林裡的溪水融化歡騰之際，才會孵出小魚。牠們一開始藏在河床的鵝卵石之間——小魚只有半寸長。牠們不需要食物，棲息在大個的卵黃囊中。直到卵黃囊被徹底吸收了，牠們才開始在溪水中捕食小蟲。

一九五四年米拉米奇的河流中，既有那年春天新孵化的魚仔，也有之前孵化的一兩歲小魚，小魚們衣著鮮豔，帶著條紋和閃亮的紅點點。這些小魚食量很大，在河流中找尋各種奇怪的小蟲然後狼吞虎嚥。

但隨著夏天的到來，一切都變了。那一年，米拉米奇河西北部的水域被涵蓋在一個大型噴藥專案中，加拿大政府於前一年開啟了這一專案，旨在保護森林不受雲山卷葉蛾的侵襲。這種蚜蟲是一種本地昆蟲，會攻擊幾種常綠樹木。在加拿大東部，似乎每過三十五年這種蟲就會出現一次數量激增的情況。一九五〇年代初期就出現了一次數量高峰。為了應對這一情形，DDT的噴灑開始了，最初的規模很小，後來在一九五三年突然加快了速度。為了拯救鐵杉這一紙漿造紙工業的主力，人們對數百萬公頃的森林噴了藥，而不是之前的幾千公頃。

於是在一九六〇年六月，飛機造訪了米拉米奇西北部的森林，藥水的白色煙霧勾畫出十字形的飛行路線。向每公頃的土地上噴灑〇・五磅的DDT，這種溶解在油中的噴霧經過鐵杉森林的過濾後，有一些最終抵達地面和流淌的小溪中。飛行員僅僅把注意力關注在自己的任務上，沒有採取任何防護措施，既沒有避開溪流區域，也沒有在飛過溪流時關閉噴嘴；不過哪怕空氣最微小的波動也能讓噴霧飄浮很遠，或許就算他們這樣做了，結果也不會有何不同。

噴藥結束後，明顯的跡象表明一切都不太對勁。兩天之內就在小溪的岸邊找到了死去的和奄奄一息的魚，包括許多小鮭魚。溪紅點鮭也包含在其中，在路邊、在樹林裡，鳥兒也瀕臨死亡。溪流中的一切生命都凝固了。在噴藥之前，水中有豐富的生物供鮭魚和鱒魚食用——石蛾的幼蟲，牠們居住在用黏液把樹葉、莖稈以及沙礫黏連而成的鬆散又舒適的保護體中；石蠅的蛹，牠們在旋渦中依附在岩石上；還有燕八哥像毛毛蟲一樣的幼蟲，生活在淺灘下的石頭邊上或是在峻峭傾斜的大石頭處溪流飛濺的地方。但現在小溪裡的這些昆蟲都死了，被ＤＤＴ殺死了，年幼的鮭魚沒有東西可以吃了。

在這樣一幅死亡與毀滅的畫面中，也很難期望小鮭魚自身能難逃一死，牠們也確實沒有逃脫厄運。八月，沒有一隻幼鮭從春天留下的礫石層裡浮出。一年的產卵卻是竹籃打水。年紀稍大的幼鮭——兩年前產下的鮭魚，境況也只好了一點。一九五三年產下的鮭魚，如果在飛機到來時牠們仍在溪流中覓食，大概六條裡只有一條活了下來。而一九五二年產下的鮭魚，已經差不多能去到海裡了，損失了大約三分之一的量。

之所以能夠瞭解這些事實，是因為加拿大漁業研究委員會從一九五〇年起就針對米拉米奇北部的鮭魚開展了一項研究。每一年，該研究都會統計生活在這條小溪中的魚類數量。生物學家的記錄裡既包含了溯游而上產卵的成年鮭魚，也包括溪流中各個年齡段的幼鮭數量，還有小溪中棲息的鮭魚及其他魚類的常態數量。由於在未噴藥前有如此完整的記錄，才能夠準確地估量噴藥帶來的危害，很少有其他地方能比得上這種準確性。

調查顯示損失不只包括幼魚的死亡；它揭露了溪流自身發生的重大改變。重複的噴藥現在已經完全改變了溪流的環境，鮭魚和鱒魚食用的水生昆蟲被殺死了。哪怕在進行單次噴藥之後，也需要大量時間才能使這些昆蟲恢復到足以供養一個正常鮭魚群體的數量——時間要以年計而不是月。

比較小的物種，比如蠓蟲和黑蠅，恢復的速度很快。牠們適合最小的鮭魚——那種只有幾個月大的魚苗——食用。但大一點的水生昆蟲的恢復則沒有這麼快，二至三歲的鮭魚卻要依賴牠們而活。這包括石蛾、石蠅和蜉蝣的幼蟲階段。即使在DDT進入溪流後的第二年，覓食的幼鮭仍除了偶爾能找到小的石蠅外，很難找到其他食物。沒有大的石蠅，沒有蜉蝣，也沒有石蛾。為了給鮭魚提供這種自然食物，加拿大人試圖向米拉米奇貧瘠的河段裡移植石蛾的幼蟲和其他昆蟲。但這種努力顯然會被任何重複性的噴藥摧毀。

而蚜蟲的數量並沒有如預期的那樣減少，而是難於治理，一九五五年至一九五七年，新布倫瑞克和魁北克的各個地區都進行了重複噴藥，有些地方噴藥噴了三次之多。截至一九五七年，噴灑了近一千五百萬公頃的土地。雖然噴藥當時暫時性地中止了，但蚜蟲突然間死灰復燃又使得噴藥活動在一九六〇年至一九六一年間再次盛行。事實上，並沒有任何證據證明蚜蟲控制中化學藥物的噴灑活動不只是權宜之計（目的是為了防止樹木連續幾年不斷脫葉而死），因此只要繼續噴藥，就能繼續感受到其副作用所帶來的不幸。為了將對魚類的危害降至最低，加拿大林業官員根據漁業研究委員會的建議將DDT的濃度從之前的每公頃二分之一磅減少到每公頃四分之一磅。（而在美國仍然盛行每公頃一磅的高濃度致死性劑量。）現在，對噴藥的影響進行了數年觀察後，加拿大人發現情況很複雜，不過只要繼續噴藥，鮭魚垂釣愛好者肯定就不會樂意。

目前來說，一種十分不同尋常的情況組合拯救了米拉米奇西北部的河流，使它們沒有如預期中的那樣被毀掉——這種種事件可能在一個世紀之內都不會發生了。瞭解那裡發生了什麼以及為什麼如此是非常重要的。

如前文所述，一九五四年對米拉米奇的這一支流水域噴了大量農藥。此後，除了一九五六年對一個狹窄的地帶噴了藥，這一分支的整個上流水域都被噴藥項目排除在外。一九五四年夏天，一場熱帶風暴來襲，這對於米拉米奇的鮭魚來說可謂是一件幸事。颶風艾德娜，這一猛烈的風暴到達了其北上的終點，給新英格蘭和加拿大海岸地區帶來了疾風驟雨。因此形成的洪水將淡水送往遠處的大海中，同時也帶走了非常大量的鮭魚。因此，小溪中供鮭魚產卵的礫石層就接收到了非常多的魚卵。一九五五年春天出生在米拉米奇北部的幼鮭，發現這裡的情況非常利於牠們生存。雖然DDT在前一年殺死了溪流中的所有昆蟲，但最小的昆蟲——蜉蝣和黑蠅已經大量恢復。這些是鮭魚魚苗的常規食物。那一年出生的鮭魚魚苗不僅有大量的食物，還鮮少有競爭者。這是因為有一九五四年噴灑的農藥將年紀稍大的幼鮭都殺害了這一悲慘事實。因此，一九五五年生的魚苗長勢迅猛，存活的數量異常多。牠們迅速完成了在溪流中的成長階段，並提前進入了大海。一九五九年，牠們之中的許多成年鮭魚返回出生時的溪流中，產下了大量幼鮭。

如果米拉米奇北部的水流仍然保持著較為良好的狀況，那是因為噴藥活動只進行了一年。

從同一水域中其他溪流的情況中，可以明確看出重複噴藥的後果，那裡鮭魚的數量出現了驚人的減少。在所有噴了農藥的小溪中，各種尺寸的鮭魚都很少見。生物學家報告，最年幼的那些「實際上被消滅殆盡」。而在一九五六年至一九五七年進行噴藥的米拉米奇西南部的主要地區，一九五九年的捕獲量是十年來的最低值。漁民們對於產卵鮭——歸來的魚群中最年幼的群體——的極度匱乏議論紛紛。在米拉米奇河河口處設下的取樣陷阱中，一九五九年捕獲的產卵鮭的數量僅為前一年的四分之一。一九五九年，整個米拉米奇水域僅僅繁殖了大約六十萬條初次由河入海的小鮭魚。這比前三年資料的三分之一還要少。

在這種背景下，新布倫瑞克鮭魚漁業的未來很大程度上取決於能否找到一種東西取代DDT灑向森林。

加拿大東部的情況並非獨一無二，唯一與眾不同的就是它們森林噴藥的規模之大和搜集的事實之多。緬因州也有雲杉和鐵杉的森林，以及森林昆蟲的控制問題。而且，它也有自己的鮭魚洄游——只是以前壯觀的洄游的一點殘留，但這還是經由生物學家和自然資源保護主義者的艱難努力才贏來的，他們在滿是工業汙染並被木塊堵塞的溪流中為鮭魚保留了幾塊棲息之地。雖然當地也試著將藥物噴灑作為武器以應對無處不在的蚜蟲，但當地受影響的區域相對較小，而且目前尚未涉及鮭魚重要的產卵地。但緬因內陸漁獵部在某地河魚中觀察到的現象也許是一個不祥先兆。

該部門報告稱：「一九五八年噴完藥之後，在大戈達德的溪流中立刻發現了大量垂死的亞口魚。牠們表現出了ＤＤＴ中毒的典型症狀：牠們不正常地游來游去，在水面上喘氣，表現出顫抖和痙攣的症狀。噴藥後的前五天，從兩個遮罩網中就收集到了六百六十八隻亞口魚的屍體。小戈達德、卡里、阿爾德和布萊克的小溪中，也有大量米諾魚和亞口魚被殺死了。經常能看到魚群被動地順流而下，非常虛弱，奄奄一息。在噴藥一周以後，有幾次都發現已經失明並且瀕臨死亡的鱒魚被動地順著溪流而下。」（許多研究都證明了ＤＤＴ會造成魚類失明這一事實。加拿大一位生物學家對一九五七年溫哥華島北部進行的噴藥活動進行了觀察，報告稱，用手就能從溪水中撈起割喉鱒魚苗，因為牠們移動得很慢，也不試著逃跑。進行檢測後發現，牠們眼睛上蒙了一層不透明的白色薄膜，說明其視力已經被損害或者徹底破壞了。加拿大漁業署的實驗室研究表明，幾乎所有魚（銀鮭魚）都不會因為暴露在低濃度的ＤＤＴ中（百萬分之三）而死亡，而是表現出了失明的症狀，牠們的晶狀體已經明顯無法進行傳導作用。）

只要有大片森林的地方，現代控制昆蟲的方式就會威脅到棲息於樹蔭遮蔽下的溪流中的魚類。美國最有名的一個魚類毀滅的例子發生在一九五五年，是由黃石公園內部和周圍藥物噴灑造成的。那年秋天，黃石河中發現了非常多的死魚，引起垂釣者和蒙大拿的漁獵管理者的警惕。大約九十英里長的河流受到了影響。一段長達三百碼的海岸線上，共發現了六百隻死魚，包括褐鮭魚、白鮭魚和亞口魚。溪流中的昆蟲——鮭魚的天然食物——消失不見了。

林業管理部門的官員宣稱他們是根據每公頃一磅ＤＤＴ的「安全」用量建議進行的噴灑。但是噴藥的後果應該足以讓所有人相信，這種建議一點也不可靠。蒙大拿漁獵署和兩個聯邦機構——魚類和野生動物管理局和林業管理局——於一九五六年開啟了一項聯合研究。當年蒙大拿的噴藥地區達到了九十萬公頃；而一九五七年還對八十萬公頃噴灑了農藥。生物學家毫不費力地就找到了研究的區域。

死亡的模式一直呈現出其鮮明特點：ＤＤＴ的氣味在森林裡飄散，一層油膜覆在水的表面，鱒魚橫屍海岸線的兩側。所有受到檢測的魚，不論是死是活，組織內都儲存了ＤＤＴ。和加拿大東部的情況一樣，噴藥造成的最嚴重後果之一就是作為食物有機體的減少。在許多進行研究的區域，水生昆蟲和其他棲息於溪底的生物都減少至其正常數量的十分之一。一旦遭到破壞，這些昆蟲的數量需要很長時間才能恢復，而牠們對於鱒魚的生存又至關重要。即使在噴藥過後的第二年夏天，只有少量的水生昆蟲得到了恢復，而在其中一條此前富含溪底生物的小溪中，很難找到什麼昆蟲。在這條小溪中，供垂釣的魚數量減少了八○％。

這些魚並不一定會立刻死亡。事實上，蒙大拿的生物學家發現，遲來的死亡比立即死亡更為常見，但因為死亡出現在漁季之後，所以不會有相關報告。在所研究的河流中，秋天出現了產卵魚的大量死亡，包括棕鱒、溪紅點鮭和白鮭魚。這一點也不讓人驚訝，因為在有機體出現生理刺激之時，無論是魚還是人，都需要從脂肪中吸收能量。這就將組織中儲存的ＤＤＴ釋放出來，使個體受到其致命性的影響。因此，以每公頃一磅的濃度噴灑DDT顯然會對森林溪流中的魚類造成嚴重的威脅。此外，並未實現對於蚜蟲的控制，許多地方都有計劃再次進行噴藥。蒙大拿漁獵署對進一步的噴藥表達了強烈的反對，稱他們「不願意因為一些不確定是否必要、能否成功的項目而危害漁業資源」。但這一部門又稱自己會繼續與林業部門合作「確定什麼方式可以將有害作用最小化」。

這種合作真的能夠成功拯救魚類嗎？英屬哥倫比亞的一次經歷和這一點有關。在那裡，黑頭蚜蟲已經肆虐了好幾年。林業官員害怕再有一個季節的落葉就會對樹木造成嚴重的危害，決定於一九五七年開展控制行動。他們對漁獵部門進行了大量諮詢，這一部門的官員對於鮭魚的洄游有所擔憂。林業部的生物部門同意修改噴藥計畫，採用各種可能的方法消除其影響，以減輕魚類所面臨的風險。儘管採取了這些預防措施，儘管人們顯然做出了真誠的努力，然而至少在四條主要河流中，鮭魚幾乎百分之百被殺死了。

在其中一條河流中，四萬條洄游的成年銀鮭魚的幼鮭幾乎全軍覆沒。幾千條年幼的鋼頭鱒和其他鱒魚也是如此。銀鮭魚的生命周期為三年，而這次洄游幾乎是由處於同一年齡階段的魚組成。像其他種類的鮭魚一樣，銀鮭魚也有強烈的回歸本能，會回到自己出生的溪流中。其他溪流中的魚不會回到這條溪流中。這就意味著，每三年中就會有一年沒有洄游，除非經由人工繁殖或其他途徑等細心照料恢復這一具有重要意義的商業洄游。

有辦法可以解決這一問題——既保護了森林又拯救了魚類。如果我們將水路變成死亡之河，那就是接受了絕望與失敗的建議。我們必須廣泛使用現有的不同方法，必須開動大腦、充分利用資源來發明其他方法。根據記載，在一些案例中，自然界的寄生蟲可以比噴藥更能有效控制蚜蟲。這種自然控制的方法需要得到廣泛應用。或許可以使用毒性較弱的噴霧，或者更好的方法是引入可以在蚜蟲中引發疾病的微生物，而不會影響到整張森林生物網。稍後我們會來討論這些替代方法是什麼，又能達到什麼效果。同時，很重要的一點是要意識到噴灑化學物質對抗森林昆蟲既非唯一的方法也非最好的方法。

殺蟲劑對魚類的危害可以分為三個方面。第一個方面我們已經談到了，它是和森林噴藥有關的單一問題，影響到了北部林區洄游河流中的魚。這一點幾乎完全局限於ＤＤＴ帶來的影響。另外一個方面則範圍寬廣，具有延伸性和擴散性，因為它牽涉許多不同種類的魚——鱸魚、太陽魚、刺蓋太陽魚、亞口魚還有其他棲息在全國各地各類水體中的魚，不論是死水還是活水。它也涉及幾乎農業生產現狀使用的各類殺蟲劑，雖然很容易就能將安特靈、毒殺芬、地特靈和七氯這些主犯從中挑出。另外一個需要考慮的問題是，進行邏輯推論的話，將來會發生什麼。這一點和鹽沼、港灣和河口裡的魚有關。因為新型有機殺蟲劑的廣泛使用，這些魚不可避免地受到了嚴重危害。

魚類對於氯化烴類物質極其敏感，而這又是組成現代殺蟲劑的主要成分。

當幾百萬噸的有毒化學物質被施放到土地表面時，其中一些會不可避免地進入陸地與海洋間水體的無限循環中。

關於魚類死亡的報告——其中一些十分觸目驚心——現在已經太過常見，美國公共衛生管理局甚至設立了一個辦公室從各州收集此類報告以作為水體汙染的一個參數。

這個問題涉及許許多多的人。大約有二千五百萬美國人將釣魚作為主要的休閒方式，還有一千五百萬人至少是休閒性質的釣魚愛好者。這些人每年花費二十億美元用於支付許可證、裝備、船隻、露營設備、汽油以及臨時住所所需要的花費。任何剝奪了他們此項娛樂的行為都會向外延伸，對經濟利益產生重大影響。商業漁業是這種利益的代表，而更為重要的是，魚類作為一項必需的食物來源也受到了影響。內陸和沿海漁業（不包含海上捕撈）產出量大約為每年三十億磅。然而，我們之後將會看到，殺蟲劑對於溪流、池塘、河流以及港灣的侵犯現在給娛樂性和商業性捕魚都帶來了威脅。

到處都可以找到農作物噴灑藥物或粉塵對於魚類造成危害的例子。比如說，在加州，為了控制水稻潛葉蟲而施用了地特靈之後，出現了約六萬隻垂釣用魚死亡的現象，大部分是藍腮太陽魚，其他的是翻車魚。在路易斯安那，僅一九六〇年一年就出現了至少三十起魚類大量死亡的案例，因為在甘蔗地裡使用了安特靈。在賓州，大量魚類被安特靈殺害，它們被用在果園裡治理老鼠。而西部平原使用了氯丹以治理蚱蜢則導致了許多溪流魚類的死亡。或許沒有其他農業專案的規模比美國南部的一個項目大了，他們為了治理火蟻而在幾百萬公頃的土地上噴灑了藥水或粉塵。主要使用的化學物質是地特靈，它對於魚類的毒性只比DDT略低。地特靈是另外一種治理火蟻的毒藥，對於所有水生生物都危害極強，這一點廣為記載。僅僅安特靈和毒殺芬就能對魚類產生較大的危害。

火蟻控制區內的所有地方，無論使用了七氯還是地特靈，都對水生生物造成了災難性的影響。只要摘錄幾句就可以看出研究這一危害的生物學家所做的報告表達了什麼資訊：來自德州，「儘管為保護運河做出了努力，但水生生物還是遭受了嚴重的損失」，「死魚……出現在所有受到處理的水域裡」，「魚類死亡慘重，而且這種情況持續時間超過三周」，「臨時性水域和小支流中的魚類似乎已經全部滅絕」。

在路易斯安那，農民們抱怨養魚池受到了損失。某一條渠邊不到四分之一英里的渠岸上就能看到五百隻死魚躺在那裡。在另一個地方，每看到四條活著的翻車魚，就能找到一百五十條死魚。還有五個其他品種似乎被徹底消滅了。

在佛羅里達，被農藥處理過的地區池塘裡的魚被發現含有七氯的殘留物以及七氯的一種衍生物——環氧七氯。這些魚中包括翻車魚和鱸魚，這兩種魚最受垂釣者喜歡，經常能在餐桌上看到牠們的身影。然而牠們體內包含的化學物質被食品和藥物管理局認為含劇毒，人類少量攝入也會非常危險。

由於收到了大量關於魚類、青蛙以及其他水生生物的死亡報告，美國魚類學家和爬行類學家協會（一個致力於研究魚類、爬行動物以及兩棲動物的偉大協會）於一九五八年通過了一項決議，請求農業部和有關州政府機構停止「七氯、地特靈和類似毒藥的空中噴灑——在尚未造成不可修復的損失之前」。該協會呼籲大家關注棲息於美國東南部的各種魚類以及其他生命形式，這其中還包含世界上其他地方沒有的物種。該學會發出提醒：「這裡有許多動物只棲息在一小塊地方，因此很容易就會被全部消滅。」

南方幾個州為消滅棉花昆蟲使用殺蟲劑使得當地魚類也嚴重受損。一九五〇年夏天對於阿拉巴馬北部種植棉花的郡縣來說，是一個災難重重的季節。那年之前，只在局部地區使用了有機殺蟲劑以控制棉子象鼻蟲。但一九五〇年，由於之前接連好幾個暖冬形成了大量的象鼻蟲，因此有八〇%到九五%的農民在農區指導員的勸說下，轉而使用殺蟲劑。農民們最常用的殺蟲劑是毒殺芬，是對魚類破壞性最強的幾種藥物之一。

那年夏天降雨頻發，雨勢凶猛。雨水將化學物質沖刷進溪流中，正因如此，農民們噴灑了更多藥物。當年每公頃棉花平均被施加了六十三磅毒殺芬。有些農民每公頃使用了二百磅之多；還有人實在熱情過頭，在一公頃的地裡灑了超過四分之一噸的農藥。

很容易就能預見到結果如何。富林特小河（在阿拉巴馬棉花種植區域流過五十英里後注入惠勒水庫）發生的情況是該地區的典型代表。八月一日，傾盆大雨襲擊了富林特小河區域。雨水由細流匯聚成小溪，繼而結成洪流由土地注入河水中。富林特小河的水位線上升了六英寸。第二天早上，小河裡顯然除了雨水還有很多其他東西。魚兒在水面附近漫無目的地打著圈。有時有的魚甚至探出水面跳到岸邊，很容易就能捉到牠們；一個農民隨手撿起了幾隻放到了泉水形成的池塘中。那裡的水雖然是純淨的，牠們卻也難以恢復。而在河流中，一整天都有死魚向下游流去。而這卻只是更多此類事件的前奏，因為每一次降雨都會把更多的殺蟲劑沖入河中，殺死更多的魚。八月十日的雨水使得溪水中大量的魚死亡，只有寥寥幾條能存活下來，卻也變成了於八月十五日注入河流中的下一輪毒流的受害者。透過在河水中設置測試籠並將金魚放置其中，而獲得證據證明了這些化學物質的致死性——這些金魚一天之內就死光了。

富林特小河中受到破壞的魚包括刺蓋太陽魚，一種極受垂釣者喜愛的魚。還發現了死去的鱸魚和翻車魚，大量出現在這條小河最後匯入的惠勒水庫中。這些水體中的雜魚也都被消滅了——包括鯉魚、水牛魚、鼓魚、黃魚和鯰魚。沒有表現出生病的跡象——只有臨死前的奇怪行為和魚鰓出現反常的深酒紅色。

在養魚池封閉溫暖的水體裡，如果附近使用了殺蟲劑，那麼情況對於魚類來說也極可能是致命的。許多例子都表明，毒藥會經由雨水和附近土地的逕流注入池塘裡。有時池塘不僅會接受到被汙染的土壤逕流，而且會因為藥物噴灑飛行員在飛越池塘時沒有關閉噴嘴而被直接注入毒藥。即使沒有這麼複雜，農業生產的正常使用也會把魚類置於高於其致死濃度的化學物質中。換言之，即使大幅減少噴灑農藥的重量也無濟於事，因為對於池塘來說，每公頃〇・一磅的濃度通常就被認為是有害的。而毒藥一旦被引入就很難清除。曾經有一個池塘為了除去不想要的鰷魚而使用了DDT，但即使進行了數次抽排水清洗的過程，池塘毒性仍然很強，殺死了占其存量九四%的翻車魚。顯然，化學物質還儲存在池塘底部的淤泥中。

現在的情況顯然比剛開始使用現代殺蟲劑時要差。奧克拉荷馬州野生動物保護署於一九六一年發表聲明稱每周至少會收到一份關於養魚塘和小湖內魚群損失的報告，而且這樣的報告正在逐漸增多。而通常情況下，罪魁禍首是對莊稼地使用殺蟲劑，一場大雨就把雨水沖刷到池塘裡，而經過這些年的不斷重複，這一原因也被大眾所熟知。

在世界上的其他地方，池塘中養的魚是一種不可或缺的食物。在這些地方，如果使用殺蟲劑時不考慮其對於魚類的影響，立刻就會引起問題。比如說，在羅德西亞，一種重要食用魚鯛魚的幼魚，由於在淺水池裡暴露於每百萬分之零點零四的DDT中而死亡。而許多其他殺蟲劑的劑量即使再小一些，也會致命。這種魚生活的淺水池是蚊子繁殖的最佳地點。既要治理蚊子，又要保護這種中非重要的食物，這一問題顯然沒有得到滿意的解決。

菲律賓、中國、泰國、印尼和印度對於虱目魚的養殖也面臨著同樣的問題。在這些國家，虱目魚生長在海岸邊的淺水池裡。成群結隊的幼魚不知從哪裡突然出現在沿海水域，人們把牠們舀起來放在蓄水池裡，牠們在那裡完成其生長過程。這種魚對於東南亞和印度數百萬以水稻為食的人來說，是一種非常重要的動物蛋白來源，因此太平洋科學議會曾建議國際共同努力，尋找目前尚不知道的這種魚的產卵地，以大規模發展養殖。然而噴灑殺蟲劑給現有的魚池造成了重大損失。菲律賓為治理蚊子而進行藥物噴灑幾乎讓魚塘所有者血本無歸。在一個養有十二萬條虱目魚的池塘裡，在噴藥飛機過去之後，超過一半的魚會死，無論池塘主人多麼費力沖刷池塘以將毒藥稀釋。

近年來對魚類的一次最驚人的屠戮於一九六一年發生在德州奧斯汀下游的科羅拉多河。一月十五日是一個星期天，那天早上天剛亮，奧斯汀新唐湖和它下游五英里處就出現了死魚。星期一就有報告稱其下游五十英里處也有死魚。截止到那時，顯然有一股毒流正在沿著河水順流而下。截至一月二十一日，下游一百英里處在拉格蘭奇附近的魚也死了，一個星期後，這些化學物質給奧斯汀下游二百英里處的生物帶去了死亡。一月的最後一個星期，近岸內巷道的水閘被關閉了，以防止毒水進入馬塔高達海灣，而將其引入了墨西哥灣。

同時，奧斯汀的調查者注意到了和氯丹及毒殺芬有關的氣味。這種氣味在一條下水道的汙水裡尤為強烈。這條下水道過去一直因為工業廢水的排放而惹上麻煩，當德州漁獵委員會的官員從湖裡順著河流追溯回來時，他們發現在所有的缺口處都有一種好像是六氯化苯的氣味，可以遠溯到一個化工廠的一條支線。這個化工廠的主要產品有ＤＤＴ、六氯化苯、氯丹和毒殺芬，以及少量的其他殺蟲劑。化工廠的經理承認大量粉狀殺蟲劑最近被清洗進入了下水道，而且更值得關注的是，他說過去十年一直採用這種排放方式處理殺蟲劑的溢出物和殘留物。經過進一步調查，漁獵部的官員發現在其他工廠裡，雨水和清潔用水也會把殺蟲劑送入下水道。在湖水和河水變得對魚類有毒的前幾天，曾用幾百萬加侖的水高壓沖洗了整個下水道系統以洗刷其殘留物，這就為這個鏈條扣上了最後一環。毫無疑問，這一行為將儲存在礫石、沙子以及碎石堆裡的殺蟲劑釋放出來，並將其帶入湖水中繼而進入河水，而之後進行的化學物測試也證明了它們的存在。

當大量的致命物質隨著科羅拉多河順流而下，它們給所到之處都帶去了死亡。唐湖下游一百四十英里的範圍內魚類幾乎全部滅絕，因為之後試著用漁網查找是否還有魚類生還時，每次起網都是空的。觀察到了二十七種死魚，每一英里河岸上的死魚大約有一千磅重。其中包含斑點叉尾，這是這條河裡主要的垂釣魚。還有藍鯰魚、平頭鯰魚、大頭魚、四種翻車魚、鯛魚、鰷魚、裂脣絨口魚、大嘴黑鱸魚、鯉魚、胭脂魚、亞口魚。還有鰻魚、雀鱔、鯉魚、河吸盤鯉、黃魚和水牛魚。其中還有一些這條河裡的長輩，看大小應該已經年紀很大了——許多平頭鯰魚重達二十五磅，還有當地居民在河邊見到了六十磅的魚，一條巨大的藍鯰魚官方記載為八十五磅重。

漁獵委員會推斷，即使沒有進一步的汙染，要改變河中魚類的種群種類也要幾年時間。一些在其自然分布地已經是僅存的品種，可能永遠無法恢復了，其他種類也需要借助廣泛的養殖活動才能恢復。現在關於奧斯汀魚類的大災難已經瞭解了這麼多，但幾乎可以肯定的是，還會有續集。有毒的河水在向下游流過二百公里後仍然具有致死的能力。人們認為它毒性太強，不能流入馬塔哥達海灣中，因為那裡有牡蠣養殖場和捕蝦場，因此將其轉而引向了開放的墨西哥灣中。在那裡它又會帶來什麼後果呢？而其他河流有那麼多分支，它們的水流攜帶了或許同樣致命的汙染物，又會如何呢？

目前我們對於這個問題的答案大部分都只是猜測，但人們卻越來越擔心河口、鹽沼地、港灣和其他沿海地區殺蟲劑汙染帶來的危害。這些地方不僅會接受河流中排放的汙染物，還經常會因為要防治蚊子及其他昆蟲而直接受到藥物噴灑。

沒有什麼地方能比佛羅里達東海岸印度河區域更能活靈活現地展示殺蟲劑對鹽沼地、河口以及所有寧靜入海口中生物的影響了。

一九五五年春天，為了消滅白蛉的幼蟲，對該地區聖露絲郡約二千公頃的鹽沼地使用了地特靈。使用的濃度為每公頃一磅活性成分。它們對於水生生物的影響是毀滅性的。州立衛生局昆蟲學研究中心的科學家在噴藥之後對這場屠戮進行了調查，報告稱魚類「基本上全部」被消滅了。海岸的各個地方都有死魚橫屍。從天空中可以看到鯊魚被水裡即將死去又無可奈何的魚群所吸引而遊近。沒有什麼物種可以倖免。死去的魚有胭脂魚、鋸蓋魚、銀鱸和食蚊魚。沼澤地內暴斃的魚類數量（不包括印度河沿岸）至少有二十到三十噸，或者說一千一百七十五萬條魚，至少包含了三十種不同種類。（根據調查組哈林頓和比德林梅耶爾的報告。）軟體動物似乎沒有遭到地特靈的傷害。甲殼類動物則在該區域徹底滅絕。整個水螃蟹種群顯然被完全破壞了，招潮蟹也幾乎全部滅亡，除了在幾小塊明顯未被粉塵彈擊中的沼澤裡還暫時有一些存活。體形較大的垂釣和食物用魚是最早死去的……螃蟹捕食破壞那些將死的魚，但第二天牠們自己也死了。蝸牛繼續吞食魚類屍體。兩周後，死魚屍體就消失得無影無蹤了。

已故赫伯特·米爾斯博士根據自己在佛羅里達對面海岸坦帕灣（國家奧杜邦協會在該地區建立了一處包括威士卡殘礁在內的海鳥禁獵區）進行的觀察描述了一幅同樣憂鬱的場景。諷刺的是，當地衛生部門發起了一場消滅鹽沼地蚊子的戰役之後，這個禁獵區變成了一個可憐的避難所。魚類和螃蟹再次成為主要受害者。招潮蟹，這種個頭小長相別致的甲殼綱動物，像放牧般成群結隊地在灘塗和沙坪上移動時，對化學噴霧毫無招架之力。那年夏天和秋天連續進行了幾次噴藥之後（有些地方噴藥的次數高達十六次），米爾斯博士這樣形容招潮蟹的情況：「截至目前，招潮蟹逐漸消失不見的情況變得明顯了。當天（十月十二日）的天氣狀況下，潮汐過後周圍本來應該有十萬隻招潮蟹，現在找遍整個沙灘，也不超過一百隻了，而這一百隻也已經死亡或者生著病，打著顫、抽搐、跌跌撞撞的，幾乎沒辦法爬行；但在周圍未噴藥地區卻有大量的招潮蟹。」

招潮蟹在它所棲息的世界的生態系統中扮演著不可或缺的角色，這一空缺不容易被其他生物填充。對於許多動物來說，牠都是重要的食物來源。沿海地區的浣熊以此為食。一些棲息在鹽沼地裡的鳥兒也是如此，如長嘴秧雞、海岸鳥甚至還有一些來訪的海鳥。紐澤西州的鹽沼地噴灑了ＤＤＴ，笑鷗的數量在幾周之內減少了八五％，很可能因為噴了藥之後牠們無法找到足夠的食物。招潮蟹還有其他重要作用，牠們是有用的清道夫，而且透過其大範圍挖地道的行為將沼澤地裡的淤泥翻出來。牠們還給漁民提供了大量餌料。招潮蟹不是沼澤和海口裡唯一一種受到殺蟲劑危害的生物，其他對於人類作用更明顯的一些生物也受到了危害。切薩皮克灣和大西洋沿岸其他地區著名的青蟹就是這樣一個例子。這種蟹對殺蟲劑非常敏感，因此每次對淺灘地的小溪、壕溝以及池塘進行噴藥之後都會大量殺害生活在那裡的螃蟹。死的不只是當地的螃蟹，其他從海洋中進入這一噴藥區的螃蟹也會中毒身亡。有時不是直接中毒，就像印度河附近沼澤地裡的清道夫蟹一般，牠們攻擊瀕死的魚類，但很快也會中毒而死。對於龍蝦的危害瞭解較少，但牠和青蟹一樣同屬於節肢動物，生理機能大致相同，因此很可能會承受同樣的後果。石蟹和其他甲殼綱動物也是如此，牠們是人類的食物，具有直接的重要經濟意義。

近海水域——港灣、海峽、河口以及潮沼地——形成了非常重要的生態單元。它們和許多魚類、軟體動物和甲殼綱動物都有著十分親密不可或缺的關係，所以如果一旦這些地方不再適合居住，這些海產就會從我們的餐桌上消失。

即使是廣泛分布在沿海水域中的魚，許多也依賴於這些近海地區作為哺育、餵養下一代的溫床。佛羅里達西海岸最下游的三分之一毗鄰著紅樹林，它們掩映著像迷宮一般的溪流群和運河，裡面有許多大海鰱的幼魚。在大西洋沿岸，海鱒、黃花魚、斑點魚和鼓魚都在島嶼和「堤岸」間入水口處的砂質淺灘上產卵，這條堤岸就像一條保護性鏈條橫在紐約南岸大部分地區的外部。幼魚孵出後隨著潮汐穿過入海口。在港灣和海峽中——克拉塔克、帕姆利科、鮑格還有其他許多——幼魚有充足的食物，能夠快速成長。沒有這種溫暖又富含食物的水體作為育兒場，上述幾種生物和許多其他物種都無法得以延續。然而我們卻允許殺蟲劑進入這些地方，或透過河流，或因為毗鄰沼澤地的噴藥而直接進入。這些魚的幼年階段甚至成年階段更容易直接受到化學物質的毒害。

蝦的幼年時期也依附於近海的餵食場進行覓食。一種數量豐沛、分布廣泛的物種支撐了南大西洋和海灣數州的整個商業水產業。雖然牠們在海裡產卵，但幾周大的小蝦會進入河口和港灣中經歷連續的蛻皮和形態變化。在那裡，牠們從五六月一直待到秋天，以水底的腐質為食。牠們近海生活的整個階段，蝦群的良好發展和牠們所支撐的工業都依賴於河口處的有利條件。

殺蟲劑是否給捕蝦業和市場供應帶來了威脅呢？最近商業性水產業局在實驗室進行的實驗或許包含了這一問題的答案。剛剛度過幼蟲期的商業用蝦對於殺蟲劑的容忍度非常低——以十億分之幾進行衡量，而非百萬分之幾的常用標準。比如說，一次試驗中，一半的蝦都死於濃度僅為十億分之十五的地特靈。其他一些化學物質毒性甚至更強。安特靈是殺蟲劑中毒性最強的幾種之一，十億分之零點五的濃度就能殺死一半的蝦。

對於牡蠣和蛤蜊的威脅是多重的。同樣的，其幼年階段是最脆弱的。這種貝類動物棲息於港灣和海峽的底部、新英格蘭到德州的潮汐河流中以及太平洋沿岸的庇護區。雖然成年的貝類定居某地不再遷徙，牠們將卵產在大海裡，牠們的幼體就可以在這裡無拘無束地生活幾個星期。夏季的一天，一條拖在小船後面的帶細孔的拖網就會將這種非常小、像玻璃一樣脆弱的牡蠣和蛤蜊攏到網裡，和牠們一起的還有其他浮游植物和動物。這些透明的幼蟲和灰塵一樣大小，牠們在水面上四處游動，以微小的浮游植物為食。如果缺乏這種微小的海洋植物，幼年的貝類就會餓死。然而殺蟲劑很可能會大量毀滅浮游生物。有些常用於草坪、耕地、路邊甚至沿海沼澤地裡的除草劑對於浮游植物來說毒性極強，而軟體動物的幼蟲又以此為食——哪怕只有十億分之幾的濃度也是如此。

許多常用殺蟲劑以非常小的量就能殺死這些柔弱的幼蟲。哪怕暴露在低於致死劑量的農藥中，最終也會導致幼蟲的死亡，因為這不可避免地會造成生長速度的減慢。這就延長了幼體需要在這一有毒世界中度過的時間，因此降低了牠們能活到成年的機會。

成年軟體動物直接中毒的危險較小，至少一些殺蟲劑是這樣。但這也不能讓人放心。毒藥會在牡蠣和蛤蜊的消化器官和其他組織中濃縮。這兩種貝類通常都是整個食用的，有時會生吃。商業漁獵署的菲力浦・巴特勒博士指出有一種不祥之兆，我們可能會和知更鳥面臨相同的情況。他說，知更鳥並非因為直接噴灑DDT而死。牠們因為吃了體內含有濃縮殺蟲劑的蚯蚓而死。因為昆蟲控制而造成了一些直接明顯的效果，使得溪流和池塘中出現了數千魚群和甲殼綱動物突然死亡的事件，這些事件引人注目又令人震驚，但到達河口處的殺蟲劑給溪流帶來的間接後果最終將具有更強的毀滅性後果，雖然這種後果看不到，在很大程度上也不為人知。整體的情況被各種沒有滿意答案的問題包圍了。我們知道農田和森林逕流中的殺蟲劑隨著許多乃至大部分河流進入海洋。但我們不知道其中各種化學物質都是什麼，總量如何，而一旦它們進入海中，在這種高度稀釋狀態下我們目前也沒有可靠的方法進行檢測識別。雖然我們知道在長途運輸過程中可能出現了變化，我們卻不知道毒性是變強了還是變弱了。而化學物之間的相互作用幾乎完全未曾加以研究，而當它們進入環境中，許多不同的化學物質混在一起共同運送，這一問題就變得十分緊迫。上述所有問題都迫切需要得到準確的回答，而只有大量研究才可以實現，然而這一領域的研究經費少得可憐。

淡水和海水中的漁業都是非常重要的資源，牽涉許多人的利益與生計。而現在牠們卻受到了水域中各種化學物質的威脅，這點毋庸置疑。人們每年都在研究如何生產出毒性更強的噴霧，如果我們從這些經費中分出一小部分給這些建設性的研究，我們就能找到危險性更低的材料，能找到方法將毒藥阻擋在水域之外。

什麼時候公眾才能足夠瞭解真相而要求採取這種措施呢？

第十章

無人倖免的天災

被噴藥的不只是森林和耕地，還有鄉鎮與城市

空中噴藥一開始只在農田和森林中進行，現在其範圍卻逐漸擴大，其劑量也逐漸增多，英國生態學家近來稱其為地球表面上的「駭人死雨」。我們對於毒藥的態度發生了微妙的變化。曾經它們被存放在畫著骷髏旗的容器裡；偶爾用到它們時也會萬分小心，確保其只和目標物接觸，不會影響到其他任何東西。

由於新型有機殺蟲劑的發展，二戰後又有大量的閒置飛機，所有的這些謹慎都被遺忘了。雖然今天的毒藥比之前的任何藥都危險，它們卻被人從天空中不加選擇地傾倒而下，異常駭人。不只是目標昆蟲和植物，藥物輻射範圍內的萬事萬物——不管是人類還是非人——都知道接觸到毒藥後的惡果。被噴藥的不只是森林和耕地，還有鄉鎮與城市。

許多人都擔憂在幾百萬頃土地上噴灑化學藥物會造成致命的後果，而一九五〇年代末進行的兩次大規模噴藥行動更加重了這種疑慮。分別是西北地方防治吉普賽蛾和南部地區治理火蟻的戰爭。二者都不是本土昆蟲，但已經在這個國家存在了許多年，並未引發需要我們不顧一切予以打壓的情形。然而在只要結果好就可以採取任何手段的理念指導下（這一理念已經引導了我們農業部很多年），突然對它們採取了激烈的行動。

吉普賽蛾的項目告訴我們，如果用不顧後果的大規模行動取代當地溫和的控制，可以造成極為廣泛的影響。針對火蟻的這一行動是同類活動中的主要典型：誇大了對於治理的需求，對於破壞目標所需要的劑量沒有科學的知識，也不知道它會對其他生命造成的影響。這兩個專案都未達到其預期目的。

吉普賽蛾原產於歐洲，牠們已經在美國出現了近一百年。一八六九年，一位法國科學家利奧波德・托維特一不小心讓幾隻這種蛾子從他麻薩諸塞州德福德的實驗室裡逃了出去，他本打算將這種蛾與蠶進行雜交。吉普賽娥逐漸擴散至整個新英格蘭。牠們不斷擴散的介質是風；牠在幼年或毛毛蟲階段非常輕，可以被風吹到非常高的高度，飛越非常遠的距離。另外一種途徑是牠的卵塊會隨著植物被運往各地，而牠在冬天都是以卵塊的形式存在。春天有幾個星期，吉普賽蛾的幼蟲會攻擊橡樹及其他一些闊葉木的葉子，現在新英格蘭各州都有了這種蛾的幼蟲。紐澤西州偶爾也能看到牠的身影，

一九一一年牠們隨著從荷蘭運來的雲杉來到了這裡；至於牠是如何進入密西根的則不得而知。一九三八年新英格蘭的颶風將這種蛾送到了賓州和紐約，但阿迪朗達克山脈的樹不吸引牠們，因而阻擋了牠們進一步向西擴散。

人們利用各種方法，成功地將吉普賽蛾限制在美國西北部角落，從牠踏上這塊大陸起近一百年來，人們都毫無理由地擔心它會入侵阿帕拉契山脈南部廣闊的闊葉林。從國外進口的十三種寄生蟲和肉食生物在新英格蘭成功地發展了起來。農業部也認可了這一方式大幅減少了吉普賽蛾的數量和破壞性。這種自然控制的方式，與檢疫措施和當地的噴藥行動一起，實現了農業部一九五五年所說的：「對於其分布和危害的有效控制。」

然而在對事態表示滿意之後不過一年，農業部的植物害蟲控制部門就展開了在一年內對幾百萬公頃土地進行大地毯式噴藥的活動，而其宣稱的目的是最後「清除」吉普賽蛾。（「清除」的意思是使得某物種在其活動範圍內徹底消失、最終滅絕。然而隨著接連幾個專案的失敗，農業部發現不得不宣傳需要在同一地區對同一物種進行第二次甚至第三次「清除」活動。）

農業部對於吉普賽蛾開啟了竭盡全力的化學戰爭，一開始就野心勃勃。一九五六年，賓州、紐澤西、密西根、紐約各州對近一百萬公頃的土地噴了藥。人們紛紛抱怨這給噴藥地區造成了大量破壞。當確定了大範圍噴藥項目之時，環保主義者的擔憂也逐漸加劇。各州和聯邦農業部的官員做出其典型的聳肩動作，認為這些抱怨是無足輕重的小事。

長島地區也包含在一九五七年的吉普賽蛾噴藥範圍之中，主要由幾個人口重鎮和與鹽沼地接壤的沿海地區組成。納蘇郡、長島是紐約州內除紐約市外人口最密集的地區。人們說「紐約市大都會區面臨著（被吉普賽蛾侵襲的）危險」作為進行該項目的重要理由，簡直就是無稽之談。吉普賽蛾是種森林昆蟲，顯然不會棲息於城市中。牠們也不會居住在草地、耕地、花園和沼澤裡。然而，一九五七年，美國農業部和紐約農業和市場部僱用的飛機投放已經配好的溶於柴油中的DDT時，並未加以區分。它們灑向了商品蔬菜園和牧場，魚塘和鹽沼地。它們灑向郊區的聚集點，弄溼了一位主婦的衣裳，而她正盡力趕在飛機到來之前把花園遮上；飛機還把殺蟲浴灑向正在玩耍和乘火車往返的孩子身上。在賽特科特，一匹優良的賽馬從飛機噴過藥的田地裡的水槽中飲水；十小時後就死了。汽車上面都是油性混合物的斑斑點點；花叢和灌木被毀之殆盡。鳥類、魚類、蟹類和有益的昆蟲都被殺死了。

世界知名的一位鳥類學家羅伯特・庫什曼・墨菲領導了一群長島居民申請了一項法庭禁令，以阻止一九五七年的噴藥。預先禁令遭到了駁回，這些反對的居民不得不照常忍受ＤＤＴ的噴灑，但卻堅持不懈地努力申請這項長期禁令。但由於噴藥行動已經發生，法院認為這份訴狀是「無實際意義的」。這份訴狀一路遞交給了高級法院，卻被拒絕審理。威廉・道格拉斯法官強烈反對了不審理該訴訟的決議，認為「許多專家和負責任的官員都發出警告稱ＤＤＴ具有危害，說明了這一案件對於民眾具有重要意義」。

長島居民提起的訴訟至少使公眾注意到了大規模噴灑殺蟲劑不斷增長的趨勢，注意到了控制部門有無視公民不受侵犯的財產權的權力和傾向。

在對吉普賽蛾噴藥的過程中，牛奶和農產品受到了汙染這一事實讓許多人感到意外又不悅。紐約威徹斯特郡北部方圓二百公頃的沃勒農場上發生的一切逐漸顯現出來。沃勒夫人專門要求農業部官員不要對她的土地噴藥，因為在對樹林噴藥的過程中幾乎不可能避開牧地。她提出對她的土地進行檢測，看看是否有吉普賽蛾，並透過點噴的方式消滅任何入侵。雖然她得到了不會對任何農場噴藥的保證，但她的土地仍有兩次被直接噴了藥。此外，還因為噴霧飄過來而受到影響。在噴藥四十八小時後對其牧場上純種格恩西奶牛的牛奶進行檢測，發現其中DDT的濃度為百萬分之十四。對奶牛覓食的牧場進行檢測，發現其牧草也受到了汙染。雖然當地的衛生部門知道了這一情況，卻未下達任何指令要求不得售賣這些牛奶。這一不幸的情況是缺乏消費者保護意識的典型，這種情況非常普遍。雖然食品和藥物管理局要求牛奶中不允許含有任何殺蟲劑殘留，這一禁令卻並未得到充分監管，僅應用於州際流通的商品。沒有任何外力強迫各州和各郡的官員遵守聯邦法律中對於殺蟲劑含量的規定，除非當地的法律恰好也有相同規定，但這種情況極為罕見。

菜園種植者同樣遭受了不幸。某些產業作物嚴重枯焦並且有大量斑點，根本無法售賣。其他一些則含有大量殘留；康乃爾大學農業實驗站對一份豌豆樣本進行檢測，發現其包含百萬分之十四至百萬分之二十的DDT。法律規定最高濃度為百萬分之七。種植者要麼要承受嚴重的損失，要麼就要售賣含有非法農藥殘留的蔬菜。他們中的一些人尋找並收集了損失的資料。

隨著空中噴灑的DDT增多，法院的訴訟案也隨之增多。其中有紐約州一些地方養蜂者的訴狀。即使在一九五七年噴藥之前，養蜂者已經因為果園中DDT的使用而損失慘重。「在一九五三年之前，我把美國農業部和農業大學說的任何話都當成金科玉律。」其中一位養蜂者痛苦地回憶起以前。但一九五三年五月，這個人因為該州對於一大片區域的噴藥而損失了八百個蜂群。損失慘重而且範圍非常廣泛，他和十四個養蜂人一起起訴該州，要求賠償二十五億美元的損失。另外一個養蜂人有四百個蜂群意外成為一九五七年噴藥行動的目標，報告稱在林區進行野外工作的蜜蜂（為蜂巢外出採集花蜜和花粉的工蜂）被百分之百殺死，而在噴藥密度相對較低的農耕地區，這一數字則為五〇%。「這讓人非常苦惱，」他寫道：「走進五月的庭院，卻聽不到任何一隻蜜蜂的嗡嗡聲。」

吉普賽蛾項目中有許多不負責任的行為。因為噴霧飛機的費用是以加侖計算而非其噴灑的公頃數，所以沒有必要有所保留，許多土地噴了不止一次而是好幾次。至少其中一份噴藥合同是與外州的一個公司簽署的，該公司沒有當地位址，沒有按照當地法律要求向該州官方登記以承擔法律責任。在這一非常狡猾的情況下，因為蘋果園或者蜜蜂而遭受了直接經濟損失的居民發現不知該去起訴誰。

一九五七年進行了這一災難慘重的噴藥項目之後，該項目突然被徹底叫停，只含糊不清地稱「要評估」之前的工作，對其他殺蟲劑進行測試。一九五七年的噴藥面積為三百五十萬公頃，而一九五八年受到處理的面積則下降至五十萬公頃，一九五九、一九六〇和一九六一年為十萬公頃。在這段間隔中，昆蟲防治機構一定是覺得長島地區的消息令人不安。那裡吉普賽蛾的數量又大規模恢復。這一昂貴的噴藥專案顯然降低了該部門的公信力和信譽——該專案本打算徹底清除吉普賽蛾——實際上卻什麼都沒能實現。同時，植物害蟲控制署暫時把吉普賽蛾放在了一邊，因為他們正忙著在南部開展野心更大的專案。「消滅」一詞仍然輕易地從該部門的影印機中流出；這次新聞發布會上他們承諾要消滅火蟻。

火蟻因為其似火般熾熱的刺針而命名，牠們經由阿拉巴馬的莫比爾從南美洲傳入美國，一戰結束後不久就在莫比爾發現了牠們的身影。截至一九二八年，火蟻已經擴散至莫比爾的郊區，並繼續其入侵過程，現在已經遍布南部各州大部分區域。在牠來到美國後四十多年的時間裡，火蟻似乎並未引起人們的注意。有大量火蟻的各地區的居民覺得牠們惹人煩，主要因為牠們把巢穴或者土堆建得有一英尺多的高度。因而會阻礙農業機械的運作。但只有兩個州把牠列入該州危害最強的二十種昆蟲中，並且處於該名單的底部。但並沒有官員或居民擔心火蟻會威脅農作物或牲畜。

隨著開發出具有強大致命力量的化學物質，官方對於火蟻的態度突然出現了轉變。一九五七年農業部開始了其歷史上最著名的宣傳運動。政府宣傳、動畫電影以政府授意的故事對火蟻展開了密集攻擊，將其刻畫成南部農業的破壞者以及殺害鳥類、牲畜和人類的凶手。官方宣布異常大規模運動的開始，聯邦政府與相關州政府合作，最終將在南部九州對二千萬公頃土地進行處理。

「美國殺蟲劑製造者似乎在美國農業部與日俱增的大規模消滅害蟲運動中挖到了銷售寶藏」，該行業的一本雜誌在火蟻項目正在進行中的一九五八年愉快地做出了上述報告。

沒有任何害蟲治理專案曾經遭到這麼理所應當而且如此全面的唾棄，除了這一「銷售寶藏」的受益者。該項目是大規模昆蟲防治項目的一個突出代表，它計畫不周、執行不當，是一個徹頭徹尾的有害實驗，它花費昂貴，極大地摧毀了動物生命，嚴重破壞了公眾對於農業部的信心，任何投入在該專案的經費都令人覺得費解。

最初贏得了國會對於該專案支持的種種陳述後來都被證明是不真實的。火蟻被描述為會對南部農業造成巨大的威脅，牠們會毀壞莊稼和野生動物，會攻擊在地面築巢的鳥類的幼鳥。據說牠們的刺會危害人類健康。這些說法可信度有多高呢？農業部為尋求撥款而做出的證詞與其主要出版物中的內容並不一致。一九五七年的公告《關於治理攻擊農作物和牲畜的害蟲的一些建議》中並未大量提及火蟻——如果農業部相信自己的宣傳，那這種忽略可謂非常離奇。此外，該部門百科全書式年鑑（一九五二年）只有簡短的段落是關於火蟻的，而這本專門描述昆蟲的書總字數達五十萬字。

與農業部毫無根據地宣稱火蟻會毀壞莊稼攻擊牲畜相比，對這種昆蟲有著最親密經歷的阿拉巴馬州的農業實驗站則對此說法進行了細緻的研究。阿拉巴馬的科學家稱：「總體上看，很少見到其對植物產生危害。」阿拉巴馬工業學院的昆蟲學者艾倫特博士（其於一九六一年任美國昆蟲學協會主席）稱他的部門「在過去五年中並未收到任何一份火蟻對植物造成危害的報告……也沒有觀察到對於牲畜的危害」。那些真正在田野和實驗室裡觀察火蟻的人說火蟻主要以其他各種昆蟲為食，而這些昆蟲大部分都被認為有損於人類利益。火蟻被觀察到從棉花上捕食象鼻蟲幼蟲。牠們堆築土堆的行為可以給土壤充氣和排水，起著有益的作用。阿拉巴馬州的研究得到了密西西比州立大學調查的支援，而且比農業部的證據令人印象更為深刻，顯然農業部的結論主要以其與農民的談話以及以前的研究為基礎，而農民很容易就將火蟻和另外一種蟻弄混。一些昆蟲學者相信隨著火蟻數量的增加，牠們的飲食習性已經發生了改變，因此那些幾十年前做出的研究現在已經沒什麼價值了。

而火蟻會危害健康及生命的說法也需要大量修正。農業部贊助了一部宣傳電影（以獲取對於該專案的支持），該電影圍繞火蟻的刺建造了一些恐怖場景。確實被刺到會很痛，而且應該建議人們防止被刺，就像人們平常避免被黃蜂和蜜蜂刺一樣。敏感的個人偶爾可能會出現嚴重的反應，而醫學史上或許記錄了一則死亡案例，但也並不確定其死因確實是火蟻的毒液。與之相反，死亡統計辦公室一九五九年就記載了三十三人死於蜜蜂或馬蜂的刺。然而似乎沒有人曾提議要「消滅」這些昆蟲。同樣的，當地的證據更可信。雖然火蟻已經在阿拉巴馬生活了四十年，而且在當地極為密集，該州健康部門官員稱「在阿拉巴馬，從未出現過由於外來火蟻咬人導致人類死亡的事件」，並且認為因為火蟻咬人而引發的醫學事件是「偶然的」。火蟻在草坪和操場上壘的土堆可能會讓孩子們容易被刺，但這很難為在幾百萬公頃的土地上灑上農藥的行為開脫。而透過對土堆進行單獨處理很容易就能解決上述問題。

而所謂的對於鳥類的危害，也缺乏證據支持。一個在此問題上很有發言權的人是阿拉巴馬州奧伯恩野生動物研究單位的領導人，莫里斯・貝克博士，他在這一領域有多年經驗。但是貝克博士的觀點與農業部的說法截然相反。他說：「在阿拉巴馬南部和佛羅里達西北部，我們有大量的獵鳥和美州鶉和外來火蟻共存……在阿拉巴馬南部有火蟻存在的四十多年裡，獵鳥的數量一直保持穩定而大量的增長。顯然，如果外來火蟻會對野生生物產生嚴重危險，這種情況就不可能存在。」而為了消滅火蟻使用的殺蟲劑對野生生物產生的影響則是另外一回事了。要使用的化學劑包括地特靈和七氯，都是較為新型的殺蟲劑。對於二者的使用都沒什麼實地經驗，沒人知道大規模使用時，它們會對鳥類、魚類以及哺乳動物產生何種影響。但是知道這兩種藥物的毒性比ＤＤＴ都要強好多倍，而ＤＤＴ在那時已經有約十年的使用經驗，每公頃一磅的ＤＤＴ就能殺死一些鳥和許多魚。而地特靈和七氯的用量更高——大多數情況下為每公頃二磅，或者如果同時要治理白邊甲蟲的話，則每公頃使用三磅地特靈。在此劑量下，七氯對於鳥兒的影響相當於每公頃二十磅的ＤＤＴ，地特靈則相當於一百二十磅ＤＤＴ！

州內各環保機構、全國環保機構、生態學家乃至昆蟲學者發起了緊急抗議，要求農業部祕書長以斯拉・班森將該專案延期，至少等做出研究，瞭解了七氯和地特靈對野生和家養動物的影響，確定能夠治理火蟻的最小劑量。這些抗議遭到了無視，該項目於一九五八年開始。第一年對一百萬公頃土地進行了治理。這個時候，很明顯任何研究都只能稱為屍檢了。隨著項目的繼續，州內和聯邦野生動物機構及幾家大學的生物學家進行了相關研究，事實逐漸累積起來。

各項研究表明在一些受到處理的地區，野生動物遭到了破壞，甚至全軍覆沒。家禽、牲畜還有寵物也被殺死了。農業部無視了所有相關損失的證據，認為它們太過誇張，會誤導公眾。然而事實在不斷堆積。在德州哈丁郡，負鼠、犰狳以及大量浣熊在噴灑了化學藥物之後幾乎消失。即使在噴藥後的第二年，仍然少見這些動物的蹤跡。在該地區僅有的幾隻浣熊體內也包含化學物質殘留。

在對噴藥地區發現的死鳥進行化學檢測後發現，牠們吸收或者吞嚥了用於治理火蟻的毒藥。（唯一存活的鳥類就是家雀，其他的確也有一些證據顯示牠們的抵抗力相對較高。）阿拉巴馬一大塊於一九五九年噴了藥的土地上，一半的鳥都被殺死了。那些生活在地面上或多年生低植被中的鳥兒死亡率為一〇〇％。即使在噴藥一年後的春天，仍然沒有任何鳴禽的蹤影，許多優良築巢區都非常安靜，沒有鳥類來過。在德州，鳥兒的巢穴中發現了死去的燕八哥、斯皮紮雀和草地鷚。德克薩斯、路易斯安那、阿拉巴馬、喬治亞和佛羅里達的死鳥樣本被送往魚類和野生動物管理局進行檢測，發現超過九〇％的樣本中都含有地特靈或七氯的某種形式的殘留，濃度高達百萬分之三十八。

鳥鷸在路易斯安那過冬但在北方繁殖，現在體內含有火蟻毒藥的汙染物。這種汙染的來源非常明顯。鳥鷸主要以蚯蚓為食，用牠們長長的嘴在土中啄食蚯蚓。在噴藥六到十個月之後，路易斯安那州倖存的蚯蚓體內仍含有百萬分之二十的七氯。一年之後，這一數字仍高達百萬分之十。鳥鷸體內的毒藥雖不致死，但也有其他後果，在火蟻項目進行後的當年就能看到幼鳥體內的毒藥相較於成鳥顯著降低。對於南部的打獵者而言，最擔憂的就是美洲鶉的遭遇了。這種在地上築巢覓食的鳥，在受過處理的地區已經被消滅了。所有送去魚類和野生動物管理局進行分析的樣本中都含有足以導致其死亡的殺蟲劑。阿拉巴馬州是德克薩斯州情況的複製版，二千五百公頃噴灑過七氯的土地上，所有的美洲鶉都被消滅了。還有九成的鳴禽和這種鶉一起消失了。同樣的，分析表明在這些死鳥的組織內含有七氯。

除了美洲鶉，野火雞的數量也因為火蟻項目嚴重減少了。使用七氯之前，阿拉巴馬州威爾特郡的一個地方能看到八十隻野生火雞，但在噴完農藥後的那個夏天，一隻都找不到了——除了一窩沒有孵化的蛋和一隻已經死去的幼鳥。野火雞和牠們的家養兄弟們命運一樣，當地農場的火雞在噴了農藥之後也很少能生出小雞。很少有蛋能孵出小雞，生出來的也幾乎沒有能活下來的。附近沒有噴藥的地方卻不是這副光景。火雞的命運絕非獨一無二的。本國最負盛名也最為人所尊敬的生物學家之一，克勞倫斯・寇唐博士拜訪了一些農民，他們的土地都噴了農藥。除了注意到噴藥之後好像「樹上的所有小鳥」都消失了，大多數人都說牲畜、家禽和寵物受到了損害。其中一個人「對控制作業的工人非常生氣」，寇唐博士在報告中寫道：「因為他埋了或處理掉了十九頭因為噴藥死掉的牛的屍體，他還知道其他三十四頭牛也會因為同樣的原因死去。從出生起就只吃牛奶的小牛也死了。」

寇唐博士採訪的人都為噴藥之後幾個月裡發生的一切大惑不解。一位女士告訴她，在周圍的土地都被毒藥覆蓋之後，她讓幾隻母雞坐窩，「卻發現很少有小雞能孵化並存活，她為此很不理解。另外一位農人「養豬，在灑藥之後整整九個月裡，他都無法養活小豬。豬仔在出生時或出生後就死了」。還有一位農民也有同樣的報告，他說在三十五個豬窩裡大概有二百五十隻小豬，卻只有三十一隻存活下來。這個人從噴藥之後也幾乎沒辦法養雞。

農業部一直否認牲畜的死亡與火蟻專案有關。然而喬治亞州班布里奇的一位獸醫奧提斯・波特維特博士卻在治療了許多受影響的動物之後，總結了為什麼要把死因歸咎於殺蟲劑。火蟻專案實施後兩周到數月之內，牛、羊、馬、雞、鳥和其他野生生物開始患上和神經系統有關的不治之症。只有能夠接觸被汙染的食物和水的動物會受到影響。圈養的動物尚不在其列。只有在進行了火蟻項目的地區有這種情況。對於這種疾病的實驗室測試結果為陰性。描述地特靈和七氯中毒症狀的官方文本中就包含波特維特博士和其他獸醫觀察到的症狀。

波特維特博士還描述了一個引人注意的案例，一隻兩個月大的小牛表現出七氯中毒的症狀。人們對這頭小牛做了詳盡的實驗室分析。只有一個發現引人注意，牠的脂肪內含有百萬分之七十九的七氯。但此時已經是噴藥五個月之後。這頭小牛從食物中直接攝入了毒藥還是從母乳甚至在出生前就間接攝入了呢？「如果毒藥來源於母乳」，波特維特博士問道：「為什麼沒有採取特別的預防措施防止我們的孩子飲用當地的乳製品呢？」

波特維特博士的報告提出了有關於牛奶汙染的一項重大議題。火蟻專案包含的地區主要為牧場和耕地。在這些地方覓食的奶牛會怎麼樣呢？噴藥地區的牧草不可避免地會以各種形式含有七氯的殘留，如果這些殘留物被奶牛吞食，毒素就會出現在牛奶中。遠在該專案尚未開始之前的一九五五年，就有實驗表明七氯可以直接傳輸至牛奶中，後來關於地特靈也有相同的報告，而這種物質也被用於火蟻專案中。

現在農業部的年刊中稱七氯和地特靈會使飼料植物不適宜供應給產奶和產肉動物，然而農業部的控制部門發起的項目卻計畫將七氯和地特靈灑在南部大片牧草地。誰能保障消費者在牛奶中看不到地特靈或七氯的殘留物呢？美國農業部必然會回答稱自己已建議農民讓奶牛遠離噴藥區三十至九十天。鑑於許多農場面積之小而該項目面積之廣——大部分藥物都由飛機噴灑——讓人非常懷疑人們是否遵守了這一建議抑或能否遵守。而根據殘留物持久的特性來看，其規定的時間也不夠長。食品和藥物管理局雖然對於牛奶中含有殘留物的情況非常不滿，卻沒什麼發言權。火蟻專案涉及的大部分州立乳製品工廠規模較小，產品沒有穿越州際界線。要想維護因為該聯邦項目而出現危機的牛奶供應，只能靠各州自己。一九五九年對阿拉巴馬、路易斯安那和德克薩斯衛生官員和相關機構的問詢表明，沒有進行任何測試，人們並不知道牛奶中是否含有殺蟲劑汙染物。同時，在該項目開啟之後而非之前，人們對於七氯的特別屬性進行了研究。或許更準確的說法應該是，有人查閱了已經發表的研究成果，聯邦政府這一遲來的行動起因於這一簡單的事實：七氯在動植物組織或在土壤中存在一段時間後，會以毒性更強的環氧七氯的形式出現。而一些研究在幾年前就發現了這一事實，該專案一開始的處理方式本應受到這些研究發現的影響。環氧化物通常被稱為風乾作用產生的「氧化產物」。一九五二年就知道了這種轉化的存在，當時食品和藥物管理局發現母鼠攝入百萬分之三十的七氯僅僅兩周後，體內貯存了百萬分之一百六十五的毒性更強的環氧化物。

上述事實於一九五九年才遮遮掩掩地出現在生物學文獻中，當時食品和藥物管理局採取了措施，禁止食物中含有七氯及其氧化物的任何殘留。這一規定至少暫時阻止了該專案；雖然農業部仍然為其每年向火蟻項目的撥款做宣傳，當地農業部門卻逐漸不願意建議農民使用那些會讓其作物無法合法售賣的化學物質。

簡而言之，農業部在開啟該項目時，甚至為就即將使用的化學物質的已知資訊進行了基本調研——或者就算他調查了，他也無視了種種發現。他一定也沒有進行初步研究，判斷最少使用多少化學物質就能完成其目標。在大劑量噴藥三年後，他突然於一九五九年將七氯從每公頃二磅減少至四分之一磅；之後又改為每公頃二分之一磅，分兩次噴灑，每次四分之一磅，中間間隔三到六個月。該部的一名官員解釋稱，「一個積極的方法改進專案」表明較低的濃度會更有效。如果在專案啟動之前就能獲取這些資訊，就能避免大量危害，納稅人也可以節省一大筆開支。

一九五九年，或許是為了消除對於該專案逐漸增多的不滿，農業部提出向德州的土地所有者免費提供農藥，只要他們能夠簽署一項聲明，稱聯邦、州及當地政府所造成的危害不負責任。同年，阿拉巴馬州對這些農藥所產生的危害感到擔憂及憤怒，因而拒絕再為該項目提供任何資金。該州一位官員將整個專案描述為「草草調研、匆匆上馬、計畫不周，是一個倚強凌弱、將責任歸咎於其他公共和私人機構的典型例子」。

儘管缺乏州政府的資金，聯邦政府仍不斷將資金注入阿拉巴馬州，一九六一年當地立法部門再次被說服為該專案進行小規模撥款。同時，路易斯安那州的農民越來越不願意簽署該專案的協定，因為很明顯，為消滅火蟻而使用的化學藥物造成那些對甘蔗有害的昆蟲大行其道。此外，這個項目顯然一事無成。

路易斯安那州州立大學昆蟲學研究的主任於一九六二年春天對該專案的淒涼處境進行了精練總結：「截至目前，由聯邦機構和州立機構共同發起的『消滅』外來火蟻的項目全盤失敗。現在路易斯安那州受到火蟻侵襲的地方比專案開始時還要多。」

人們似乎開始向更加理智、保守的方法傾斜。佛羅里達州稱「現在佛羅里達的火蟻比項目開始時還多」，宣布當地將摒棄任何進行大範圍清理專案的想法，而將注意力轉向本土的治理方法。當地的治理方法有效而便宜，已經有多年歷史。

火蟻有堆積巢丘的習性，針對單獨巢丘進行化學處理是非常簡單的。這種處理方法的花費大約為每公頃一美元。如果巢丘數量眾多，需要機械化的方法，密西西比農業實驗站發明了一種耕田機，能夠先將巢丘鏟平，再向其中直接噴灑化學物質。這一方法可以實現對火蟻九〇%到九五%的控制。而與之相對，農業部的大型控制專案每公頃費用約為三・五美元——在所有方法中最昂貴、造成最多危害卻收效最小。

第十一章

接踵而來的惡夢

不斷重複的暴露，無論多麼輕微，都會促進我們體內化學物質的不斷堆積，並導致累積性中毒

這個世界不只受到大規模噴藥的汙染。事實上，對於大多數人來說，它的危害要小於我們日復一日年復一年暴露於其中的無數小規模汙染。如同水滴石穿一般，這種從出生到死亡與危險化學物質的不斷接觸最終會證明是災難性的。這些不斷重複的暴露，無論多麼輕微，都會促進我們體內化學物質的不斷堆積，並導致累積性中毒。或許沒有人能對這種擴散型的汙染免疫，除非他生活在所能想像到的最與世隔絕的環境中。受到花言巧語和各種隱性勸說的哄騙，普通公民很少能意識到他被致命性的材料所包圍：他甚至可能完全意識不到他在使用這些物質。

這是一個徹頭徹尾的毒藥年代，任何人都可能走進商店，沒有被問詢任何問題，就能買到比醫學藥品致命性更強的物質，而購買後者他需要在隔壁藥店的「有毒藥物登記本」上簽名。如果殺蟲劑售賣區的上空懸掛著巨大的骷髏旗，消費者最終進入商店時會帶著對於致命材料常有的敬畏感。但實際上殺蟲劑的展示櫃卻舒適又順眼，擺了好幾排，對面就是鹹菜和橄欖，旁邊則擺著沐浴皂和洗衣皂。孩子不安的小手很容易就能摸到玻璃容器裡的化學物質。如果有孩子或者粗心的大人把它們打翻在地板上，附近所有人都會被濺上這種讓噴藥人陷入昏迷的物質。這種危險當然會跟著購買者回家。一罐防蛀蟲的藥物，以非常細的字體印著警告，說明它是高壓填裝，如果暴露在高溫或明火中則會產生爆炸。氯丹是一種家庭常用的殺蟲劑，甚至含有多種廚房用途。然而食品和藥物管理局的首席藥理學家稱居住在噴灑過氯丹的房子裡有

「非常大的」危險。其他家用殺蟲劑甚至包括毒性更強的地特靈。

將毒藥用於廚房中的方式既吸引人又十分簡單。廚房隔板用紙，有的是白色，有的搭配了個人的配色方案設計，可能會浸過殺蟲劑，不止一面而是正反兩面都浸過。製造商給我們提供了使用說明的小冊子，告訴我們如何消滅臭蟲。只需要按一個按鈕那麼簡單，人們就能將地特靈的噴霧送進最難接近的死角裡以及櫥櫃、角櫃、腳板的裂縫裡。

如果我們因為蚊子、恙蟎或是其他害蟲感到心煩，我們有無數種選擇，可以將洗液、霜或是噴霧噴塗於衣物或皮膚上。雖然有警告說其中一些藥劑會溶解漆、顏料以及混合纖維，我們卻想當然地認為人類皮膚不會被化學物質滲透。為了確保我們可以隨時隨地擊退蚊蟲，紐約一家專營店推出了一款口袋大小的殺蟲劑分裝瓶，可以裝在錢包中，也可用於海灘上、高爾夫球場中和漁具上。

我們可以用藥蠟打磨地板，確保經過其上的任何昆蟲都會被殺死。我們可以在衣櫥、掛衣袋和辦公室的抽屜裡掛上浸泡過林丹的繩子，以換來半年不受蛀蟲侵擾的自由。廣告中卻絲毫沒有提及林丹的危險性。有種電子設備會噴出含有林丹的霧氣，它的廣告也沒有類似的警告——我們被告知它性能安全、沒有異味。然而事實是，美國醫藥協會認為林丹噴霧器非常危險，甚至在其雜誌內對其廣為聲討。

農業部在一期《家庭和花園通訊》中，建議人們將衣物噴上溶於油的ＤＤＴ、地特靈、氯丹或其他幾種飛蛾殺蟲劑。如果噴藥過量導致衣物上由於殺蟲劑堆積形成白點，農業部說，用刷子就能刷掉，卻忽略了警告人們要注意刷洗的位置和方式。所有這些事實導致，我們結束了和殺蟲劑接觸的一天，最後睡在一張浸泡了地特靈的防蟲毯下。

園藝現在和那些超級毒藥緊密聯繫在一起。每一家五金店、園藝設備商店以及超市都成排陳列著，適用於園藝工作各種情形的殺蟲劑。那些沒有廣泛使用這種致命噴霧和粉塵的人被暗指為懈怠者，因為幾乎每份報紙的園藝版和大部分園藝雜誌，都認為殺蟲劑的使用是理所應當的。

能夠快速致死的有機磷殺蟲劑被廣泛用於草坪和觀賞植物，佛羅里達州健康委員會於一九六〇年認為有必要發布禁令，任何未事先獲得許可並達到特定要求的個人均不得在居民區將殺蟲劑用於商業用途。在這條規定出臺之前，博拉西昂已經造成了許多死亡事件。

然而卻很少有人警告園藝工人或是屋主，告知他們正在與非常危險的物質打交道。恰恰相反，不斷有新的小對象製造出來，能使這些毒藥在草坪和花園中的使用更加便捷。比如說，人們可以給花園裡澆水的軟管配一個像罐子一樣的配件，這樣人們在給草坪澆水時，像氯丹和地特靈一樣極其危險的化學物質就能隨水流出。這種裝置不僅會對使用者造成危害，還會給公眾帶來威脅。《紐約時報》認為有必要在其園藝版上刊發警告，告訴人們除非使用了特殊的保護裝置，裝在這種裝置裡的毒藥可能會經過虹吸作用進入供水系統。想想這種裝置正被大量使用，而很少有人會發出這種警告，就不難明白為什麼我們的公共水體遭到了汙染。

要想瞭解園藝工匠本人會發生什麼事，我們可以看看一個內科醫師的例子，他是一位狂熱的業餘園藝師，一開始在灌木叢和草坪上使用ＤＤＴ，後來每周按時使用馬拉硫磷。有時他用手持噴霧器來噴灑，有時在他的水管上裝一個配件。正因如此，他的皮膚和衣物經常會浸泡在噴霧中。大概一年後，他突然昏倒並住院治療。透過對脂肪的活體組織切片檢查，發現其中累計了百萬分之二十三的ＤＤＴ。他的醫生認為出現了永久性的大範圍神經損傷。他日漸消瘦，極其容易疲勞，出現了奇怪的肌無力症狀，這些正是典型的馬拉硫磷中毒症狀。這些持久的影響非常嚴重，這位醫師很難再繼續從醫了。

除了曾經是無害的花園水管外，割草機也被裝上了用於噴灑殺蟲劑的裝置，這種配件能夠在人們除草的過程中噴灑出成團的殺蟲劑霧氣。無論郊區居民選擇了何種殺蟲劑，它們高度分散的微粒都會和具有潛在危險的汽油廢氣混合在一起，加劇了周圍環境的空氣汙染，甚至很少有城市能夠達到這麼高程度的汙染，使用者對此卻極可能一無所知。

然而卻很少有人談到在花園裡使用毒藥這一風尚的危害，也沒人提及在家裡使用殺蟲劑的危害；標籤上印的警告都很難看到，字體很小，很少有人會不嫌麻煩地閱讀並遵守這些警告。一家工業公司最近進行了一項調查，查明了這麼做的人有多少。該公司的調查顯示，一百個使用殺蟲劑氣霧劑和噴霧的人中只有不到十五人會意識到包裝上有這類警告。

郊區人民現在覺得不論付出任何代價，都要清理馬唐草。有為了清除草坪上這種受人唾棄的雜草而專門設計的農藥，擁有幾袋這種農藥簡直成了身份的象徵。從這些除草劑的商品名稱中，從來無法看出其成分或性質。人們得在農藥袋子上最不顯眼的地方閱讀那些印得非常細的內容，才能知道裡面含有氯丹或者地特靈。而在五金店和園藝設備商店裡隨處可見的描述性文字中，對於操作和使用這種物質會造成的真正危害則只有寥寥幾句（如果有的話）。恰恰相反，包裝上典型的插圖描繪的是闔家歡樂的場景，父與子面帶微笑，準備向草坪上噴灑這種物質，小孩子和狗一起在草坪上打滾。

人類食物中含有化學物質殘留的問題受到了熱烈討論。化學工業要麼輕描淡寫地稱這種殘留毫不重要，要麼斷然否定它們的存在。與此同時，有一種強烈的趨勢，要將所有堅決要求食物中沒有任何殺蟲劑殘留的人稱為狂熱主義者或邪教分子。在這種種爭論的迷霧中，真相是什麼呢？

醫學上已經證明，和常識告訴我們的一樣，死於DDT時代降臨之前的人們體內沒有任何DDT或其他類似物質的痕跡。如同在第三章提到的那樣，一九五四年到一九五六年間從普通人中收集的身體脂肪樣本中平均含有百萬分之五點三到百萬分之七點四的DDT。有證據表明，從那時起，這一數字不斷提高，而由於職業或其他特殊原因暴露在殺蟲劑中的個人體內儲存的含量甚至更高。

而那些沒有明確原因暴露在殺蟲劑中的普通人中，可以推斷他們脂肪沉積物中貯存的DDT大部分來源於食物。為了檢驗這一推論的正確性，美國公共健康管理局的一個科研隊伍對餐館和公共食堂的餐食進行取樣。樣本中的每一頓飯都含有DDT。調查者們由此得出了非常合理的結論：「很少有（如果有的話）食物能夠完全不含DDT。」

而餐食中所包含的DDT數量或許非常驚人。在公共衛生管理局進行的另一項研究中，對於監獄飲食的分析顯示燉乾果這類食物中包含了百萬分之六十九點六的DDT，而麵包中的含量高達百萬分之一百點九！

普通家庭的日常飲食中，肉和任何含有植物脂肪的材料中氯化烴類殘留的含量都最高。這是因為此類化學物質可以溶解在脂肪中。水果與蔬菜中的殘留會少一些。這些殘留物不會被洗掉——唯一的補救措施就是將生菜或洋白菜這類蔬菜外面的所有葉子都去掉，將水果皮剝掉，不要用任何果皮類或外殼類食材。烹飪無法破壞殘留物。

牛奶是少數幾種被食品和藥物管理局規定不允許含有任何農藥殘留的食物。然而真實情況是，無論在哪次檢查中，都會發現殘留物的存在。黃油和其他乳製品加工品中的含量最高。一九六〇年對此類產品四百六十一份樣品進行的檢測表明其中三分之一都含有化學殘留，食品和藥物管理局稱這種局面「遠不能令人滿意」。

為了找到不含有DDT和相關化學物質的飲食，人們似乎只能到那些偏僻原始的土地上去，要放棄文明帶來的便利與歡愉。這樣的地方似乎還存在，至少還有少量存在於偏遠的阿拉斯加北極海岸——不過就算在那兒人們也能看見化學劑正在逼近的陰影。科學家們對當地愛斯基摩人的飲食進行研究，發現其中不含殺蟲劑。新鮮的魚干；海狸、白鯨、北美馴鹿、北極熊和海象身上獲取的脂肪、油脂和肉；蔓越莓、大樹莓和野生大黃目前為止都未被汙染。只有一個例外——兩隻來自好望角的白貓頭鷹攜帶了少量的ＤＤＴ，或許是在其遷徙的路程中攝入的。而對愛斯基摩人的脂肪樣本進行檢測後，發現其中含有少量的ＤＤＴ殘留（零到百萬分之一點九）。原因很明顯。脂肪樣本的來源是那些離開了原住地來到安克雷奇的美國公共衛生服務醫院就診的人。在那裡流行著文明的生活方式，醫院裡的飯食也像人口最密集的城市一樣含有大量ＤＤＴ。他們不過在文明中短暫停留了數日，就受到了毒藥的汙染。

我們吃的每一頓飯都含有氯化烴，這是因為幾乎全球各地都用這些毒藥噴霧或粉塵處理農作物。如果農民們小心謹慎地遵照標籤上的使用說明，那麼農藥產生的殘留物就不會超過食品和藥物管理局允許的範圍。暫且不談這些符合法律規定的殘留量是否像所說的那麼「安全」，一個眾所周知的事實是，農民們經常超過規定用量，在接近成熟時仍使用農藥，在只使用一種就夠了的情況下使用多種殺蟲劑，或者以其他方式展示沒有閱讀那些小字的後果。

即使是化工產業也承認經常有誤用殺蟲劑的情況，農民們需要這方面的教育。該行業一本主要的行業雜誌最近宣稱「許多使用者似乎不明白，如果他們的使用超過了推薦劑量，就會超出殺蟲劑的許可範圍。而且農民們會一時興起，對許多農作物隨意使用殺蟲劑」。

食品和藥物管理局的資料中有大量這種違規行為的報告，令人不安。幾個例子就可說明人們對於使用說明的忽視：一個種植生菜的農民在即將收貨的日子裡，對這些蔬菜使用了八種不同的殺蟲劑；一個貨主在芹菜上使用了毒性極強的博拉西昂，劑量幾乎是推薦最高用量的五倍；生菜種植者使用了安特靈（所有氯化烴類物質中毒性最強的），儘管生菜中不允許有任何殘留；菠菜在收穫前的一周噴灑了DDT。

也有偶然或意外汙染的案例。大量用粗麻袋裝著的生咖啡在運輸過程中受到了汙染，因為同一艘船還裝著殺蟲劑類的貨物。倉庫中的包裝食品不斷被噴灑DDT、林丹和其他殺蟲劑，它們可能會穿過包裝材料，大量出現在裡面包含的食物中。食品儲存的時間越長，受到汙染的危險就越高。至於這個問題「難道政府不會保護我們遠離這種危害嗎？」答案是：「範圍非常有限。」食品和藥物管理局在保護消費者免受農藥危害這方面的活動受到了兩個問題的嚴重限制。第一個是它只對州際貿易中運輸的食物具有管轄權；在州內生長售賣的食物完全在其權力範圍之外，不論危害程度如何。第二點非常嚴重地限制了其功能：員工中只有少量的檢查員——各項工作加起來才不到六百人。

根據食品和藥物管理局一位官員的說法，進行州際貿易的農產品中只有非常小的一部分——遠遠小於一％——會經由現有設備的檢測，而這一比例太小，都不具有統計學意義。而僅在州內生產和售賣的產品，情況甚至更糟，因為大部分州在此領域的立法都嚴重不足。食品和藥物管理局規定的汙染可以存在的最大容許限度（被稱為「容許度」）有著明顯的缺陷。目前農藥如此盛行的情況下，它不過是一紙空文，造成了一種完全不真實的印象，似乎已經建立了安全閾值，人們也遵守了這一規定。而允許讓少量毒藥出現在我們的食物中的規定，則遭到了許多人的質疑，他們的原因很有說服力，食物中的任何毒素都不安全也不應當出現。在設置這一容許度的值時，食品和藥物管理局回顧了在實驗室動物身上做的測試，並據此設立了最大汙染值，這個數值遠不能使實驗動物產生症狀。這一用於確保我們安全的系統卻忽略了很多事實。實驗室的動物處於高度控制的人工環境中，攝入一定量某種化學物質後，和人類的反應非常不一樣，因為人類暴露在各種殺蟲劑中，而且其中大部分都不為人知、無法檢測也無法控制。比如，午餐沙拉中的生菜有百萬分之七的ＤＤＴ，就算這是安全的，這一餐飯還包含了其他食物，每一種都帶有允許範圍內的殘留物，而我們已經討論過，食物中的殺蟲劑殘留不過是其總暴露量的一部分，很可能是很小的一部分。

來自許多不同管道的化學物質不斷累積，共同建立了一個總的無法估量的暴露值。因此，單獨談論任何一種化學殘留的「安全值」是毫無意義的。除此之外還有一個問題。有時容許值是在違背食品和藥物管理局科學家們做出正確判斷的情況下確立的，如同在之前提到的案例一樣，有時這個值是在缺乏該種化學物質有關知識的基礎上確立的。在獲取了更多資訊後，就會降低或者撤銷這一數值，但此時公眾已經暴露在這種高劑量的化學物質中幾個月或者幾年了。曾給七氯定了一個容許值，後來又不得不撤銷了。對於某些化學物質而言，在它註冊使用之前，並未能進行實際上野外分析的方法。這一難題極大地阻礙了「蔓越莓農藥」的分析工作。對於經常用來拌種的一些殺真菌劑也缺乏分析方法，而這些種子如果在播種季結束時仍然沒有種在地裡的話，很可能就會成為人們的食物。

那麼確立容許值不過是允許用有毒化學物質汙染公共食物供給，這樣農民和加工者可以從低成本的生產製作中獲益，然後還要盤剝消費者讓他繳稅維持監管機構的運營，這樣他就不會攝入致命劑量的毒素。然而要充分地完成這一監管工作，任何立法者都沒有勇氣給出足夠的撥款，因為目前農藥的用量和毒性太過驚人。因此，最後不幸的還是消費者，他們交了稅，卻還要忍受毒藥橫行。

要如何解決呢？首先，最有必要的就是撤銷對於氯化烴、有機磷類以及其他高毒性物質的容許值。這一做法會立刻遭到反對，稱其會讓農民擔負無法忍受的重擔。但是如果根據目前的目標，他們可以將農藥的使用控制在僅留下百萬分之七（DDT的容許值）的殘留物，或百萬分之一（博拉西昂的容許值），甚至百萬分之零點一（地特靈的容許值），那麼為什麼不能再多用點心，防止任何殘留物的出現呢？事實上，某些農作物對於七氯、安特靈和地特靈的使用就是這麼要求的。如果在這些情況下是可以實現的，為什麼不能推而廣之呢？

但這不是完整的或最終的解決方案，因為在紙上寫上零容許值沒有意義。目前來看，超過九九%的州際貨物流通都在沒有檢查的情況下流入市場。因此還迫切需要食品和藥物管理局能保持警惕、銳意進取，並且大幅擴充其檢查員隊伍。

然而，這一系統——先有意毒化了我們的食物，然後對結果進行監管——使人不得不想起路易司．卡羅爾的白衣騎士，他想到了一個計畫「把鬍子染綠，然後總是拿著個大扇子，這樣別人就看不到了。」終極答案是使用毒性較弱的農藥，這樣因為誤用農藥對公眾造成的危害就會大幅降低。已經存在這樣的化學物質：除蟲菊酯、魚藤酮、魚尼丁還有其他一些從植物成分中提取的物質。最近的開發除了有除蟲菊酯的合成替代品，一些生產國已經準備按照市場需求擴大農產品的輸出了。同時也迫切需要對市場上售賣的化學物質的性質進行公共教育。普通購買者被現在各式各樣的殺蟲劑、殺菌劑、除草劑弄得手足無措，完全沒辦法知道哪些是致命的，哪些則相對安全。除了做出改變，生產危險性較低的農藥外，我們還應該不斷探索不用藥物的方法。在農業上使用對於某種昆蟲具有高致病性的細菌而引發昆蟲疾病的方法，已經在加州進行了試用，現在正在對此方法進行更廣泛的實驗。還有其他不會在食物中留下殘留的方法都能夠有效控制昆蟲。只有當人類大範圍使用此類方法時，我們才能從現在這種情況中得到些許安慰，而這種情況按照任何常識性標準來看，都是無法容忍的。

—第十二章—

人命的價格

混淆、妄想、失憶、狂躁——為了暫時性地摧毀幾種昆蟲，而不得不付出高昂的代價化學藥物的生產源於工業時代，現在其浪潮已經淹沒了我們的環境，極為嚴重的公共衛生問題給我們的環境帶來了劇烈變化。就在昨天，人類還因為天花、霍亂和席捲全國的瘟疫而擔驚受怕。現在我們的主要問題已經不再是這些曾經無處不在的病原體了。衛生條件和居住條件的提高，以及新型藥物的出現使得我們能夠更有效地控制這些傳染性疾病，今天我們擔心有一種新的危險隱藏在環境中──現代生活方式的發展，是我們自己引發了這種危險。

新的環境健康問題有很多：各種形式的輻射問題，源源不斷的化學物質（殺蟲劑只是其中一部分）滋生的問題，這些化學物質在我們生活的世界裡橫行，以單獨或共同作用的方式對我們產生直接或間接的影響。它們的存在給我們的世界籠罩上一層陰影，這層陰影縹緲朦朧，卻並未因此而改變其不祥的本質；雖然很難推斷如果人的一生都暴露在這些不屬於人體生理體驗的化學與物理介質中時，會產生什麼效果，但這陰影仍然讓人覺得害怕。

「我們都生活在縈繞於心頭的恐懼中，害怕環境被破壞至一定程度時，人類會和恐龍一樣變成被淘汰的生命形式，」美國公共衛生管理局的大衛・普萊斯博士說：「而知道我們的命運在症狀出現二十多年前就已經被封印了，這一事實讓人更加心煩。」

殺蟲劑在環境性疾病中處於什麼位置呢？我們已經知道它們會汙染土壤、水源和食物，它們能使我們的溪流沒有魚類的蹤影，讓我們的花園和樹林沒有鳥兒的歌唱。人類，無論他多麼用力地假裝，都無法改變自己是自然的一部分這一事實。他又如何能逃脫這一遍布全世界的汙染呢？

我們知道哪怕只暴露在這些化學物質中一次，如果劑量足夠大的話，都能導致急性中毒。但這不是主要問題。農民、噴藥作業者、飛行員和其他暴露在大量殺蟲劑中的人，身上發生的突然患病和死亡事件非常不幸，不應該再度發生。而對於所有人來說，我們更應該加倍警惕攝入少量殺蟲劑之後帶來的延遲效果，因為這些殺蟲劑已經在無形中汙染了整個世界。

負責任的公共衛生官員曾經指出，化學物質對生物的影響會隨著時間進行累積，它們對於個體的危害取決於其一生中攝入的總劑量。而正因如此，人們很容易無視這種危險。人類本性如此，會無視這些現在看來並不明確的危險，哪怕它們會在將來引發災難。「人類通常對有明顯表現的疾病印象最深」，一位明智的醫生雷恩・杜博思這樣說：「然而卻有一些最危險的敵人在不知不覺中逼近。」

我們每個人都和密西根的知更鳥和米拉米奇的鮭魚一樣，面臨的問題是生態問題、相互關聯以及相互依存的問題。我們毒害了溪流中的石蛾，鮭魚就會減少、死亡。我們毒害了湖裡的蠓蟲，毒素就沿著食物鏈一環一環地傳播，最終受害的是湖邊的鳥兒。我們向榆樹噴藥，第二年春天就無法聽到知更鳥的歌唱，並非因為我們直接用噴霧殺死了牠們，而是因為毒藥一步一步地沿著現在人們熟知的榆樹葉—蚯蚓—知更鳥的循環擴散。這些事實都有案可查，它們能觀察得到，是我們周圍可以看到的世界的一部分。它們映射出科學家稱之為生態的生命之網的存在，或許可以稱之為死亡之網。

然而我們的體內也有一個生態世界。在這個看不見的世界裡，微小的物質可能會引起巨大的後果；而這種後果通常都看似和原因毫無關係，它們會出現的位置和原始受損的區域相距甚遠。「一個點，甚至一個分子的改變都可能會在整個系統產生迴響，導致看似毫無相關的器官和組織出現變化」，最近總結醫學研究現狀的一篇文章如是說道。人們研究人體神祕而精妙的功能時，會發現因果關係從不簡單，也從不輕易顯現。它們或許在時間和空間上都相隔甚遠。為了查明疾病和死亡發生的原因，需要在不同領域進行廣泛的研究，將病人身上許多看似毫無關係、各不相同的事實拼湊起來。

我們習慣於尋找最明顯最直接的結果，卻忽略了其他影響。除非危害立刻以不容忽視的形式顯現出來，我們都會否認危害的存在。即使是研究人員也缺乏合理的手段在症狀出現前就能檢測到受到損害的地方，這是醫學中亟待解決的一個問題。

「但是」，會有人反駁：「我對草坪噴過好多次地特靈，但我從來未像世界衛生組織說的噴藥工人那樣出現抽搐——所以這沒有危害到我。」但事實並非如此簡單。儘管未突然出現明顯的症狀，然而，任何經受過此類物質的人毫無疑問地都在體內累積著有毒物質。我們已經知道，氯化烴的儲存是從最小的攝入量開始不斷累積的。有毒物質會停留在人體內所有的脂肪組織中。當需要動用這些脂肪儲備的時候，毒性可能會迅速發作。紐西蘭的一本醫學雜誌最近刊登了一則案例。一名因為肥胖接受治療的男子突然出現了中毒症狀。對其脂肪進行檢測後發現其中含有地特靈，在他減肥的過程中被調動起來。同樣的事情也會發生在因為生病而消瘦的人身上。

另一方面，毒素堆積的結果非常不明顯。幾年前，美國醫學協會的《學報》嚴重警告人們要當心儲存在脂肪組織中殺蟲劑的危害，該雜誌指出，不斷累積的藥物和化學物質比那些不會貯存在組織中的物質需要更多的關注。它警告，脂肪組織不只儲存脂肪（脂肪約占身體總重量的一八%），而且有許多重要功能，這些功能可能會被儲存其中的毒藥破壞。此外，脂肪在身體各處器官和組織中的分布非常廣泛，甚至是細胞膜的組成部分，因此要認識到，這些溶於脂肪的殺蟲劑會儲存在各個細胞中，它們可以破壞人體最重要也必不可少的氧化和產生能量的功能，這一點非常重要。

氯化烴殺蟲劑最值得人注意的一點是它們對於肝臟的影響。在人體所有器官中，肝是最特別的。它有各種不可或缺的功能，在這一點上，無出其右。肝臟掌管著許多重要活動，因此哪怕對其產生一丁點危害也會引起嚴重的後果。它不但為脂肪的消化提供膽汁，還有一個特殊的循環路徑在肝臟處匯合，因此肝臟能夠直接得到消化道的血液，並且深入參與所有主要食物的新陳代謝過程。它以糖原的形式儲存糖分，並且按照嚴格控制的數量釋放葡萄糖，以確保血液中糖分的含量保持在穩定的水準。它製造了身體的蛋白質，包括血漿中一些和凝血有關的重要元素。它將血漿中的膽固醇穩定在適當的水準，並在雄、雌性激素過多時阻止它們的活動。它還是許多種維生素的倉庫，其中很多又會幫助肝臟本身的功能運行。

如果肝臟無法正常運轉，人體就會被解除武裝——面對各種不斷入侵的毒素毫無防禦。其中一些毒素是正常新陳代謝的副產品，肝臟透過卸下其中的氮，迅速而有效地解除了它的毒性。那些非人體自有的毒素也可以被肝臟解除毒性。

所謂「無害的」殺蟲劑馬拉硫磷和甲氧氯比它們的親戚們毒性要低，原因正是因為肝臟中有一種酶可以對其進行處理，改變它們的分子，減輕它們產生危害的能力。以相似的方法，肝臟可以應付我們接觸的大部分有毒物質。

我們面對入侵毒素和內部毒素的防線現在被削弱了，正搖搖欲墜。受到殺蟲劑損害的肝臟不但不能保護我們不受毒素侵害，它的各類活動都可能受到干預。由此帶來的後果有著深遠影響，而且由於這些後果種類繁多且不能立即顯現，人們無法查找其出現的真正原因。

和全世界都廣泛使用殺蟲劑這類肝臟毒藥有關，肝炎的急劇增多很值得人們關注。這一情況始於一九五〇年代，並呈現波動式上升。據說肝硬化的案例也增多了。不可否認的是，要想在人身上「證明」原因A導致了結果B，比在實驗室的動物身上難得多，然而簡單的常識表明，肝臟疾病的大量增多和環境中肝臟毒藥的肆虐保持一致，這絕非巧合。不管氯化烴類物質是不是主要原因，在這種情況下把自己暴露在已經證明能夠造成肝臟損傷的毒素中，不是明智之舉，因為這樣會使它更加難以抵禦疾病的侵襲。

這兩種主要的殺蟲劑類型——氯化烴和有機磷，都會對神經系統產生直接影響，雖然方式各有不同。大量動物實驗以及對於人類主體的觀察都證實了這一點。ＤＤＴ是第一種廣為使用的新型有機殺蟲劑，它主要作用於人類的中樞神經系統；小腦和處於更高位置的運動皮層被認為是其主要供給區域。根據毒理學標準教材的說法，暴露於一定數量的ＤＤＴ中之後，會出現刺痛、灼燒、瘙癢等異常感覺，同時會出現顫抖甚至抽搐的症狀。

我們第一次知道ＤＤＴ急性中毒的症狀來源於幾名英國調查者的發現，他們專門將自己暴露在ＤＤＴ中以查明結果如何。英國皇家海軍生理學實驗室的兩名科學家經由直接接觸含有ＤＤＴ的牆面而攝入ＤＤＴ，牆面上覆蓋了含有二%ＤＤＴ的水溶性油漆，油漆上方又覆蓋了一層油性薄膜。從他們對自己症狀的詳細描述中，可以看到ＤＤＴ對神經系統的直接作用：「真實地感受到了疲憊、笨拙以及四肢的疼痛，精神狀態也非常壓抑……非常容易發怒……對於任何工作都極不耐煩……感覺無法處理最簡單的腦力工作。有時幾種痛苦一起發作，非常凶猛。」

還有一位英國實驗者將ＤＤＴ的丙酮溶液用在自己的皮膚上，稱自己有沉重感，四肢疼痛，肌肉無力，並且出現了「神經極度緊張的痙攣」。他度了個假，情況有所好轉，但一開始工作，情況就又惡化了。然後他又臥床三周，因為不斷感受到四肢的疼痛、失眠、神經緊張以及急性焦慮而異常痛苦。顫動間或席捲全身——就是那些因為DDT中毒的鳥類身上非常常見的顫動。該實驗使得他缺席了十周的工作，而當年年底英國一本醫學雜誌報導這一案例時，他還沒有痊癒。（除了這一證據，美國有幾位研究者在志願者身上展開了DDT實驗，他們認為志願者抱怨頭疼和「每一塊骨頭都疼」，「顯然是由於神經病症的原因」。）

現在記錄在冊的許多案例，其症狀和整個發病過程都將殺蟲劑指認為罪魁禍首。典型情況下，患者有暴露在某種殺蟲劑中的經歷，對其治療包括使其生活在沒有任何殺蟲劑的環境中，症狀會因此減弱，但一旦與這些討人厭的化學物質重新接觸，病情就會大幅度復發。這種證據——這就足夠了——構成了許多其他疾病的藥學療法的基礎。這一證據沒有理由不能起到警告作用，警告我們明明知道有風險卻仍然讓周圍環境被殺蟲劑所浸透是多麼不明智的行為。

為什麼不是所有處理過使用過殺蟲劑的人都會有相同症狀呢？這裡就涉及個體敏感性的問題。有證據表明女性比男性、小孩比成年人、長期在室內久坐的人比生活艱難或時常進行戶外運動的人更容易受到疾病影響。為什麼有人會對灰塵或花粉過敏，為什麼會對某種毒素敏感，或者為什麼會容易受到這種傳染而不是另外一種，這些目前仍然是醫學難題，沒有合理的解釋。然而這一問題確實存在，並且影響了大量人群。一些醫生估計他們的病人中有至少三分之一的人會有某種形式的敏感，而這一數據還在上升。不幸的是，以前不敏感的人可能會突然變敏感。事實上，一些醫學人士認為斷斷續續地暴露在化學物質中會造成這類敏感。如果這種說法是正確的，那麼就可以解釋為什麼那些因為職業原因持續暴露在化學物質中的人卻很少有中毒的反應。原因是他們在與化學物質不斷接觸的過程中，這些人變得麻木了——如同過敏專科醫生重複給病人小劑量注射過敏原而降低其敏感性一樣。

農藥中毒的問題非常複雜，因為人類不像實驗室動物一樣生活在被嚴格控制的環境中，他們從來都不曾單獨暴露在某一種化學物質中。在不同類型的殺蟲劑之間，殺蟲劑和其他化學物質之間，都有很大的可能會進行相互作用。這些互不相關的化學物質進入土壤、水源或是人類血液中時，它們不會相互隔離；有神祕的變化在悄悄發生，一種物質會改變另外一種物質的危害。

雖然兩種主要殺蟲劑類型的作用機理被認為完全不同，但二者之間也有相互作用。有機磷會損害保護神經的膽鹼酯酶，如果有機體事先被暴露在氯化烴中而損傷了肝臟，有機磷的危害就會更強。這是因為，肝功能受損之後，膽鹼酯酶的濃度就下跌至正常水準以下。再加上有機磷的抑制作用，可能就會引發急性症狀。我們已經知道，有機磷兩兩相遇會相互作用，結果將其毒性提高百倍。有機磷還會和其他各類藥物或者合成材料、食品添加劑相互作用——誰又知道會不會和無處不在的各種人造物質相互作用呢？

一種本來無害的化學物質在與其他物質相互作用後，可能會出現天翻地覆的改變；其中DDT的近親甲氧氯很能說明這一問題。（事實上，甲氧氯並不如人們通常認為的那樣完全沒有危險的成分，因為最近的動物實驗表明它會對子宮造成危害，會抑制某些重要的腦垂體激素發揮作用，這也再次提醒了我們這些化學物質會對生物產生巨大的影響。其他研究也表明甲氧氯或許會損害腎臟。）因為在單獨使用時，甲氧氯不會大量堆積，我們就被告知這是種安全的物質。然而這未必是正確的。如果肝臟因為其他物質受損，甲氧氯就會大量儲存在體內，含量約為其正常儲存量的一百倍，會像ＤＤＴ一樣對神經系統產生長期影響。而只要肝臟受到一丁點、微不可見的損害，就會引發甲氧氯的這種危害。很多司空見慣的情形——使用另外一種殺蟲劑，使用了含有四氯化碳的清洗液，服用了一片所謂的鎮靜藥物（雖不是全部，但大部分都屬於氯化烴物質，會造成肝臟損傷）——都會引發上述情況。

神經系統受損並不僅限於急性中毒，暴露在毒素中可能產生遲發作用。甲氧氯和其他物質都有損害大腦和神經的記錄。地特靈除了會產生立竿見影的後果，還會導致遲發性危害，包括「失憶、失眠以及做噩夢乃至狂躁症」。醫學發現表明，氯丹會大量儲存在腦部以及功能性肝臟組織中，會造成「中樞神經系統受到重大而長期的危害」。然而這種化學物質（六氯化苯的一種形式）卻被大量盛裝在噴霧器中，以霧氣的形式噴灑在家庭、辦公室和餐館中。

通常被認為只會導致急性中毒、表現較為激烈的有機磷，也能夠對神經組織產生持續的物理危害，而且根據最新的發現，它們還會引發精神障礙類疾病。許多案例都是因為使用了其中一種殺蟲劑之後一段時間出現了麻痺症狀。二十世紀三〇年代禁酒令時期在美國發生了一件匪夷所思的事，或許這意味著不幸的事即將發生。這一事件並非由殺蟲劑造成的，而是由和有機磷殺蟲劑在化學性質上屬於同一群組的物質引發的。在那段時間，一些醫療藥品被暫時徵用，作為酒精的替代品而不用受到禁制令的管束。其中一種物質是牙買加薑汁酒。然而美國藥典的產品非常昂貴，私酒販子就產生了製造一種替代品的想法。他們非常成功，這一假冒偽劣產品通過了相應的化學測試，欺騙了政府的藥劑師。

為了讓這種假冒薑水有強烈的味道，他們加入了一種稱為三元甲苯基磷的物質。這種物質像博拉西昂和相關化學物質一樣，會毀掉保護性的膽鹼酯酶。由於喝了私酒販子的產品，大約有一萬五千人的腿部肌肉出現了永久性受損，現在將這一症狀稱為「薑酒癱瘓」。除了癱瘓症狀，神經鞘會遭到破壞，脊髓前角細胞會出現退化。

我們已經知道，在大約二十年之後，其他各種磷脂酸也被當作殺蟲劑使用，不久之後和薑酒癱瘓事件類似的案例開始出現。德國有一個溫室工人使用博拉西昂後，偶爾會出現較為平和的中毒症狀，幾個月之後就出現了麻痺症。還有三個化學工廠的工人在暴露在同屬於磷脂酸類的其他殺蟲劑後，出現了急性中毒的症狀。經過治療他們康復了，但十天之後，其中兩人出現了腿部肌肉無力的症狀。其中一人的症狀持續了十個月，另外一位患者是一名年輕的女性藥劑師，她的情況更為嚴重，雙腿癱瘓，手部和臂膀處也出現了麻痺症狀。兩年後一本醫學雜誌對其案例進行報導，那時她仍然無法走路。

這些案例中的殺蟲劑已經撤出了市場，但現在仍在使用的一些殺蟲劑可能會有類似的危害。馬拉硫磷（園藝工人的最愛）在對雞進行實驗時引發了嚴重的肌無力症狀，還伴隨著坐骨神經鞘和脊神經鞘的損傷（和薑酒麻痺案例一樣）。

磷酸酯中毒的患者，即使存活了下來，可能還會出現惡化。鑑於它們對神經系統造成的嚴重影響，這些殺蟲劑最終幾乎一定會導致精神疾病。今日墨爾本大學和墨爾本亨利王子醫院的調查者也證實了這一觀點，它們對十六例精神疾病案例做出了報告。全部患者都有長期暴露於有機磷殺蟲劑中的歷史。三人是檢查噴霧功效的科學家，八人在溫室中工作，還有五人是農場工人。他們的症狀包括記憶損傷、精神分裂以及憂鬱症等。在被這些化學物質倒打一耙並最終擊倒之前，所有人都曾在普通醫院診療過。

據我們所知，與之類似的事件廣泛分布在醫療文獻中，有時涉及氯化烴類物質，有時則和磷酸酯有關。混淆、妄想、失憶、狂躁——為了暫時性地摧毀幾種昆蟲，而不得不付出高昂的代價，而只要我們繼續使用這種會直接攻擊神經系統的化學物質，就要繼續付出這一代價。

—第十三章—

透過一扇窄窗

單個細胞進行能量製造的功能，這對於生命來說是不可或缺的

生物學家喬治・瓦爾德曾經將其在一個非常細化的領域——眼睛的視覺色素——中所做的工作比作「一扇窄窗，從遠處向窗外看，人們只能看到一絲光亮。離得越來越近時，視野就會越來越開闊，直到最後，透過這同一扇窄窗，人們可以看到整個世界」。

所以我們要集中全部精力，一開始瞄準體內的各個細胞，然後瞄準細胞內的精妙結構，最後瞄準這些結構中各個分子做出的終極反應，只有這麼做時，我們才能明白入侵我們內部環境的外來化學物質，會造成多麼嚴重而深遠的影響。

醫學研究最近才涉及單個細胞進行能量製造的功能，這對於生命來說是不可或缺的。身體獨特的能量製造機制不僅是健康的基礎，更是生命的基礎；它的重要性甚至能超過最重要的器官，因為如果無法順利進行氧化作用，有效產生能量，機體的任何功能都無法實現。然而用於消滅昆蟲、齧齒動物以及雜草的許多化學物質都會直接攻擊這一系統，擾亂其奇妙的作用機制。

讓我們認識到細胞氧化作用是生物和生物化學歷史上最偉大的成就之一。為這一工作做出貢獻的人員包括許多諾貝爾獎獲得者。這項工作共持續了四分之一個世紀，人們利用更早的發現作為基石，一步一步地完成了這項研究。直到最近十年，該項研究的不同碎片才完整地拼在一起，這樣和生物氧化有關的知識才成為常識為生物學家所知悉。但更重要的一點是，那些在一九五〇年以前接受醫學培訓的醫務工作者卻很少有機會能夠瞭解這一過程的重要性，瞭解阻礙這一過程會帶來的危害。

製造能量的最後一步不是由某一個器官完成的，而是由身體內的每個細胞。活細胞就像一團火焰，燃燒燃料來創造生命賴以依存的能量。這一比喻過於詩意而欠缺精準，因為人體的正常溫度就能為細胞提供其「燃燒」所需要的熱量。然而正是這數十億溫柔燃燒的小火苗點亮了生命的能量。如果它們停止燃燒，「心臟就無法跳動，植物無法克服地心引力向上生長，變形蟲無法游弋，感覺無法沿著神經快速傳遞，人類的大腦無法再有任何靈感的火花」，化學家尤金・拉比諾維奇這樣說。

物質向能量轉化的過程在細胞中不斷流動，這是自然界更新的一種循環，好似車輪在不停轉動。一粒糧食接著一粒，一個細胞接著一個，碳水化合物以葡萄糖的形式作為燃料填充在這個輪子中；在其循環的過程中，這種燃料的分子被打散，並經歷了一系列微小的化學變化。這些變化進行有序，一步接一步，每一步都由一種具有專門作用的酶來引導和控制，這種酶只做這一件事而沒有其他任務。能量製造過程中的每一步都會排出生產廢物（二氧化碳和水），經過改造的燃料分子繼續傳遞至下一階段。當不斷旋轉的車輪完成了整個循環，燃料分子會被分解，以便和新進入的分子結合，開啟新一輪的循環。

在這一過程中，細胞像化學工廠一樣，這可謂是生物界的奇蹟之一。而其中起作用的每一部分都非常微小，這更增添了其傳奇色彩。細胞本身非常微小，只能在顯微鏡下才能觀察到，幾乎沒有例外。然而氧化作用更為精彩之處在於，它是在一個還要小得多的場所裡完成的，在細胞裡被稱為線粒體的細小顆粒裡。雖然六十多年前人們就知道線粒體的存在，卻一直認為它們不過是細胞的組成成分，功能不明確或許也不重要。直到一九五〇年代，對於它們的研究才收穫了激動人心的成果；它們突然受到了極大的關注，五年之內僅僅在這一領域就撰寫了一千篇論文。

人們解釋了線粒體的奧祕，這一成就再次顯示了人類的無限巧思與堅持不懈的毅力。想想看，這種顆粒如此微小，放在三百倍的顯微鏡下才能勉強看到。再想想看，需要多麼高超的技巧才能分離、剖開這種顆粒並分析其成分，確定它極其複雜的功能。然而在電子顯微鏡和生化學家高超技術的幫助下，這一切都得以實現。

現在我們知道，線粒體是一小包各種不同酶的組合，其中包括進行氧化循環需要的酶，這些酶按照順序精確地排列在細胞壁和各個分區中。線粒體是「能量站」，大多數製造能量的反應都出現在這裡。氧化作用最初的步驟是在細胞質裡完成的，接著燃料分子就被傳輸至線粒體中。氧化作用在這裡完成，大量的能量在這裡釋放出去。

如果不是這個至關重要的結果，線粒體內氧化作用不斷轉動的輪子就沒什麼意義了。氧化循環每一階段所製造的能量以生化學家經常提到的ＡＴＰ（三磷酸腺苷）的形式存在，是一種含有三個磷酸基的分子。ＡＴＰ在能量製造過程中的作用在於它可以將其中一組磷酸基傳遞給其他物質，在此過程中電子高速上下穿梭，產生了能量。因此在肌肉細胞中，當終端磷酸基被傳遞給收縮的肌肉時，就獲得了收縮的能量。這樣就出現了另外一個循環——循環內的一個循環：ＡＴＰ分子放棄了其中一組磷酸基，只保留了兩組，變成了二磷酸鹽分子即ＡＤＰ。隨著車輪繼續轉動，另外一組磷酸基又會被聯結進來，於是強有力的ＡＴＰ又得以恢復。這就如同蓄電池一般：ＡＴＰ是蓄滿電的電池，ＡＤＰ則是未蓄電的電池。

ＡＴＰ是能量的通用貨幣——從細菌到人體，在任何組織中都可以找到它的存在。它為肌肉細胞提供機械能，為神經細胞提供電能。精子細胞、即將爆發大量活動以轉換成青蛙小鳥或是人類嬰兒的受精卵、分泌激素的細胞都需要由ＡＴＰ提供能量。ＡＴＰ的能量中有一部分被線粒體使用，但大多數都立刻進入細胞中，為其他各項活動提供能量。某些細胞中線粒體的位置就足以說明其功能，因為它們的位置恰好使得能量可以準確傳輸至需要的地方。在肌肉細胞中，它們簇擁在收縮纖維附近；在神經細胞中，它們位於和其他細胞的結合點，可以為脈衝的傳遞提供能量；在精子細胞中，它們集中在尾部與頭部銜接的地方。

電池的充電過程，也就是ＡＤＰ和自由磷酸基結合還原成ＡＴＰ的過程，和氧化過程相結合；這一緊密的聯繫被稱為偶聯磷酸化。如果這一結合分開了，就無法提供有用的能量。呼吸作用仍在繼續，卻無法產生能量。細胞像一個空轉的馬達，散發熱量卻無法產生動力。這時肌肉則無法收縮，脈衝也無法沿著神經通路傳遞。精子無法到達終點；受精卵無法完成它的複雜分化和苦心經營。對於所有有機體而言，無論是胚胎還是已經成熟，解耦的結果都是災難性的：假以時日，它會造成組織甚至整個有機體的死亡。

解耦是如何發生的呢？輻射是一種解耦劑，而有人認為，暴露在輻射中的細胞死亡就是以這種方式發生的。不幸的是，許多化學物質都有將氧化作用和能量生產分開的能力，殺蟲劑和除草劑則是個中翹楚。我們已經知道，酚類會對新陳代謝產生強烈影響，可能會引起體溫上升，出現致命後果；這就是由於解耦造成了馬達空轉的效果。二硝基酚和五氯苯酚就是其中兩種被廣泛作為除草劑使用的例子。除草劑中另外一個解耦劑是2,4-D。所有氯化烴類物質中，DDT已被證明為解耦劑，而之後的研究可能會發現還有其他同類物質。

然而解耦劑並非唯一能夠撲滅數十億細胞中小火苗的物質。我們已經知道，氧化作用的每一步都由一種特定的酶指導和壓制。這些酶——哪怕只是其中一種——遭到了破壞或被削弱了，細胞內的氧化循環就會受阻。無論哪種酶受阻，結果都是一樣的。氧化過程的循環就像轉動輪子，如果我們在輪子的輪輻中插入撬棍，不管插到什麼部位都是一樣的，輪子會停止轉動。同樣的，如果我們破壞了其中一種酶，無論它在循環中起什麼作用，氧化都會停止。這樣就無法繼續產生能量，最後導致的結果和解耦無異。

平常使用的任何一種殺蟲劑都會像撬棍一樣，破壞氧化循環的輪子。DDT、甲氧氯、馬拉硫磷、硫代二苯胺還有其他各種各樣的殺蟲劑都被發現會抑制氧化循環中的一種或幾種酶。

這樣，它們就可以阻礙產生能量的整個過程，使得細胞沒有氧氣可用。這種損傷會導致極其嚴重的後果，在這裡提到的只是少數。

實驗人員僅僅透過有系統地阻礙氧氣的進入，就把正常細胞轉變成了癌細胞，我們將在之後談到這點。對於動物正在發育的胚胎進行的實驗也表明，剝奪細胞的氧氣會帶來其他強烈的後果。如果沒有足夠的氧氣，組織生長和器官發育的有序過程就會被干擾；會出現畸形和其他異常情況。由此可以推斷，人類胚胎在缺少氧氣的情況下也可能出現先天性畸形。

有跡象表明，這類災禍有上升的趨勢，雖然很少有研究看得足夠長遠，找出了個中緣由。當時還有一個更加令人不悅的預兆，人口統計辦公室於一九六一年就先天性畸形的問題在全國進行了專門統計，並解釋，統計結果可以就先天性畸形的發病率和它們出現的原因提供必要的事實。這類研究顯然會將大部分矛頭指向輻射帶來的危害，但一定不能忽視有許多化學物質會造成輻射一樣的後果。人口統計辦公室進行了無情的預測：遍布於我們外部和內部環境中的化學物質一定會引起未來兒童的各類缺陷和畸形。

情況很有可能是，生殖作用衰退的一些情況很可能和生物氧化作用受阻並導致ＡＴＰ的消耗有關，而ＡＴＰ是人體非常重要的蓄電池。卵子在受精之前，也需要ＡＴＰ的慷慨供給，為之後要付出的巨大努力做好準備，一旦精子進入卵子完成受精，就需要消耗巨大的能量。而精子細胞能否抵達並穿透卵細胞則取決於ＡＴＰ是否為其本身提供了足夠的能量，這些ＡＴＰ產生於聚集在細胞頸部的線粒體中。受精作用一旦完成，就開始出現細胞分裂，ATP的能量供應將對胚胎的發育成形過程起決定性作用。胚胎學家對於最易獲得的青蛙卵和海膽卵進行了研究，發現如果ATP的含量降到了關鍵值以下，受精卵的分裂就會停止，不久後就會死去。

從胚胎實驗室到蘋果樹之間並非毫無關係，蘋果樹上知更鳥守著一窩藍綠色的鳥蛋；但這些蛋冷冰冰地躺在那裡，燃燒了幾天的生命之火現在已經熄滅了；佛羅里達的松樹也一樣，樹頂上的一大堆細枝和木棍按照規則雜堆成的鳥窩裡盛著三個大白蛋，冰冷沒有生氣。為什麼孵不出知更鳥和小鷹呢？鳥蛋是不是和實驗室的青蛙一樣，它們停止了發育僅僅因為缺乏足夠的能量貨幣——ATP分子——來完成發育過程呢？而之所以缺乏ATP是否因為父母的體內和鳥蛋中儲存了過量的殺蟲劑，使得氧化作用的輪子無法旋轉因而無法供應能量了呢？

沒必要猜測鳥蛋中儲存了多少殺蟲劑，它們和哺乳動物的卵細胞相比，更加容易被觀察到。無論是在實驗室還是在野外，只要鳥兒曾經暴露在這些化學物質中，在牠們體內都能發現大量的DDT以及其他烴類殘留。而且濃度非常高。加州的一次實驗發現野雞蛋中DDT的濃度高達百萬分之三百四十九。在密西根，檢查被DDT毒死的知更鳥，從其輸卵管中取出的卵子中DDT的濃度高達百萬分之二百。還從一些因為鳥媽媽被毒藥困住了而無人照料的知更鳥窩裡取出的鳥蛋裡也含有DDT。因為周圍農場使用地特靈而中毒的雞把化學物質傳遞到了蛋裡；在其飲食中加入DDT的實驗用母雞產下的蛋中，DDT的濃度高達百萬分之六十五。

既然ＤＤＴ和其他（或許全部）氯化烴物質可以透過抑制某種酶的活性或經由解耦機制破壞產生能量的循環，就很難想像任何一個含有藥物殘留的蛋如何能夠完成其複雜的發育過程：無數次的細胞分裂、組織和器官的發育、將重要物質綜合並最終創造出新生命。所有的活動都需要大量的能量——新陳代謝不斷旋轉的車輪就可以生產出這一小包一小包的ＡＴＰ。

沒有理由認為這些災難性的事件僅僅局限於鳥類。ＡＴＰ是通用的能量貨幣，而產生ＡＴＰ的新陳代謝循環在鳥類和細菌中、人和老鼠中都是一樣。任何物種生殖細胞中儲存有殺蟲劑的事實都應該讓我們感到不安，因為它們在人類身上也有同樣的作用。

有跡象表明，化學物質既會在生殖細胞中留存，也會在產生生殖細胞的組織中留存。在許多鳥類和哺乳動物的性器官中都發現了殺蟲劑的堆積——實驗條件下的野雞、老鼠和豚鼠，為治理榆樹病噴灑農藥的地方的知更鳥，為治理雲山卷葉蛾而噴藥的西部林區中漫步的鹿。其中一隻知更鳥睪丸內ＤＤＴ的濃度比身體其他部位要高。野雞睪丸中累積的農藥濃度高達百萬分之一千五。

或許正是由於性器官中儲存有大量農藥，實驗中的哺乳動物出現了睪丸萎縮的現象。暴露在甲氧氯中的幼鼠睪丸尤其小。小公雞餵了ＤＤＴ之後，睪丸只有平常大小的一八％；而需要睪丸激素才能發育的睪丸和雞脯，也只有正常大小的三分之一。

精子本身也因為ＡＴＰ的不足而大受影響。實驗表明公牛精子的活性會因為二硝基酚而下降，二硝基酚會介入能量耦合機制從而不可避免地產生能量損失。如果對其他化學物質進行檢測的話，很可能也是同樣的結果。一些醫學報告稱噴灑DDT的飛行員中有少精液症（分泌精子能力的下降）的情形，說明在人類身上也可能有同樣的結果。

對於人類總體來說，我們的基因遺傳比單個的生命有價值得多，這是我們與過去以及未來之間的聯繫。經過了數萬年的時間，我們的基因才得以成形，它不僅把我們塑造成現在的樣子，在它們微小的存在中還承載著未來——不管這是種承諾還是威脅。然而人造物造成的基因惡化是我們這個時代的威脅，「是對人類文明帶來的最後也是最嚴重的危險」。

又一次地，不可避免地要拿化學物質和輻射相對比，它們之間有著明確的相似性。

被輻射侵襲的活細胞會經受各種損傷：它正常分裂的能力遭到了破壞，它的染色體會發生結構變化，而基因這一遺傳物質的媒介物，則會出現突然的變化被稱為基因突變，這樣下一代身上就會出現新的特性。如果是極易受到影響的細胞，那就會當場死亡；或者會經過許多年的時間，最終變成惡性細胞。

輻射造成的這些後果在實驗室研究中都得到了複製，行為主體是一大群被稱為逆輻射或類放射性的化學物質。其中許多都被用作農藥——既有除草劑也有殺蟲劑——它們可以破壞染色體，妨礙正常的細胞分裂或者引起基因突變。對遺傳物質造成的這類損傷會使暴露其中的個體患病，也可能在子孫後代身上造成影響。

幾十年前，還沒有人知道輻射以及化學物質的影響。那時候，原子還沒有被分裂，那種和輻射有著類似影響的化學物質還沒有在藥劑師的試管中構思出來。之後在一九二七年，德州一所大學的一名動物學教授穆勒博士發現如果將有機體置於X射線中，下一代就會出現基因突變。穆勒的發現為科學和醫療研究打開了一片廣闊的新天地。穆勒後來因為此成就獲得了諾貝爾醫學獎，而很快這個世界就被灰濛濛的原子塵籠罩，即使是非科學界人士也瞭解了輻射會帶來什麼結果。

愛丁堡大學的夏洛特・奧爾巴赫和威廉・羅布森於一九四〇年代初也有類似的發現，雖然受到的關注要少得多。他們發現芥子氣可以使染色體出現永久性的異常，而這種變化和輻射造成的結果無法區分開。和穆勒在最初的X射線實驗中一樣，他們對果蠅進行了測試，發現芥子氣也能使果蠅發生基因突變。第一種化學物質突變原就這樣被發現了。

現在還有一長串化學物質都和芥子氣一樣被確立為突變原，它們可以改變動植物的遺傳物質。為了明白化學物質怎樣改變遺傳的過程，我們首先要瞭解在活細胞階段上演了怎樣的生命之戲。

組成身體組織和各器官的細胞數量一定要能夠增長，才能讓身體發育，才能保持生命之源代代相傳。這一過程經過有絲分裂（核分裂）得以完成。在即將進行分裂的細胞中，會出現非常重要的變化，首先出現在原子核中，然後逐漸發展到整個細胞。在原子核中，染色體出現了神奇的移動與分裂，以一種由來已久的順序排列，以利於將遺傳的決定因素——基因——傳遞到子細胞中。它們首先以細線的形式出現，基因像線上的珠子一樣在細線上排列。然後每一條染色體縱向分裂（基因也隨之分開）。當細胞分裂成兩個細胞時，各有一半進入每一個子細胞中。按照這種方式，每一個新生細胞都有一套完整的染色體，其中包含了所有的遺傳信息。種族和物種的完整性以這種方式得以保存；以這種方式才有「龍生龍鳳生鳳」一說。

生殖細胞的分裂是一種特殊的細胞分裂方式。因為同一物種的染色體數是一定的，因此卵子和精子結合形成新個體的過程中，只能將各自一半的染色體帶入新的個體中。在形成新細胞的過程中，其中一次分裂中染色體的行為以非常精準的方式出現了變化。這時染色體不進行分裂，而由每對染色體中分離出一個完整的染色體進入子細胞中。

在這最基本的一幕裡，所有的生命都是一樣的。對於地球上的所有生命而言，細胞分裂的過程都是一樣的；無論是人還是變形蟲，無論是巨杉還是最簡單的酵母細胞，如果沒有細胞分裂，都無法長久生存。因此，任何會阻撓有絲分裂的食物對於受到影響的有機體和它的後代而言，都是致命的威脅。

「細胞形成的主要特點，比如說有絲分裂，存在的時間遠遠超過五億年，更接近於十億年」喬治．蓋洛德．辛普森和他的同事皮坦狄和蒂凡尼在他們內容豐富的《生命》一書中寫道，「這樣看來，生物的世界既脆弱又複雜，同時卻驚人地經受了時間的考驗——比山川還要長久。這種耐用性完全依賴於遺傳信息以驚人的準確性代代相傳。」

然而在這幾位作者所展望的數億年間，都未曾像二十世紀中期那樣，人造射線和廣為傳播的人造化學物質對這種「驚人的準確性」造成了直接又有力的威脅。馬克法蘭・博內特爵士是澳洲一位著名的醫生，也是諾貝爾獎獲得者，他認為如今「在醫學上最值得關注的一點」是「由於治病手段越來越強大，人類又生產出許多生物學歷史上不曾有過的化學物質，本可以將各類誘變劑阻擋在人體內臟之外的常規保護屏障越來越容易被穿透」。

關於人類染色體的研究仍然處於初級階段，因此直到最近才能夠研究環境因素對它們會產生怎樣的影響。直到一九五六年才出現了新的技術，使得我們確定人類細胞中染色體的準確數量——四十六條——才能對其進行詳細觀察，檢測是否有全部或者部分染色體缺失的情況。環境因素會對基因造成損害的觀點也相對較新，而且除了遺傳學者很少有人能夠理解這一概念，但人們又往往不會去徵求他們的意見。輻射帶來的各種形式的危害現在都得到了充分瞭解——雖然在某些領域仍然驚人地遭到否認。穆勒博士屢次就「許多人——既包括政府機關做出決策的官員，也包括許多醫療工作者——都不願意接受遺傳學原理」這一現狀表示惋惜。很少有公眾知道，化學物質或許和輻射有相似的作用這一事實，甚至許多醫療和科學工作者對此也不瞭解。正因如此，化學物質的一般用途（並非在實驗室中的使用）並未得到評估。對此進行評估是非常重要的。

馬克法龍爵士並非唯一一個就其潛在危險進行評價的人。皮特・亞歷山大博士是一位傑出的英國權威人士，他說類輻射性化學物質「可能（比輻射）的危險還要大」。穆勒博士在遺傳學領域進行了數十年卓有成效的工作，他從這一角度提出警告稱許多化學物質（包括以農藥為代表的各群體）「提高基因突變率的能力和輻射一樣強……然而在現代環境中，我們經常被暴露在不尋常的化學物質中，我們卻還不知道這些誘變劑會給基因帶來何種程度的影響」。

化學誘變劑的問題之所以受到大範圍的忽略，或許是由於最開始發現的物質僅僅具有科學價值。氮芥畢竟不會從天空灑向所有人；只有實驗生物學家和需要用它進行癌症治療的醫生才會用到它。（最近一則報告指出，一位接受了這種治療的病人的染色體受到了損害。）但是殺蟲劑和除草劑確實和大量的人群進行了親密接觸。

儘管很少有人把目光投向這一領域，但是仍然能將和許多這種農藥有關的資訊組裝起來，從而瞭解到它們會以各種方式妨礙細胞進行其各項關鍵進程，從輕微的染色體損傷到基因突變，最終的結果卻會導致惡性災難。

連續幾代都暴露在DDT中的蚊子會變成一種叫作雌雄同體的奇怪生物——一部分是雄性的，一部分是雌性的。

用各種酚類處理過的植物會出現染色體嚴重受損、基因改變、大規模基因突變以及「不可逆轉的遺傳改變」。果蠅是遺傳學實驗的經典主體，它受到酚類的影響時，也會出現基因突變；這些果蠅出現的突變危害性極強，將它暴露在任何一種常用除草劑或者尿烷中時，就會死亡。尿烷是氨基甲酸鹽的一種，越來越多的殺蟲劑和農用化學品來自這一群體。其中有兩種物質被用於防止馬鈴薯在儲存過程中發芽——恰恰是由於它們被證明有阻止細胞分裂的作用。另外一種防止發芽的物質馬來醯肼也被認為是一種強大的誘變劑。

使用六氯化苯（ＢＨＣ）或者林丹處理後的植物會出現嚴重的畸形，根部會腫起像腫瘤一樣的腫塊。它們細胞的體積變大由於染色體數量加倍而出現腫脹。在後續的分裂中染色體加倍的情形會繼續，直到在物理上無法繼續進行細胞分裂。2,4-D這種除草劑也會使植物長出腫瘤一樣的腫塊。染色體變短加粗後熙熙攘攘地擠在一起。細胞分裂的進程嚴重減緩。整體的結果據說和X射線造成的結果非常相似。

這裡舉出的只是其中一些例子，還有許多此類例證。然而目前還沒有哪些綜合性研究對農藥的誘變效應進行檢測。上面所引用的例子是細胞生理學和遺傳學研究的副產品。現在迫切需要針對此問題進行直接攻擊。

有些科學家願意承認環境輻射會對人類造成嚴重影響，然而他們卻未曾考慮過這一有實際意義的問題——誘變性化學物質是否具有同樣的效果。他們說輻射具有強大的穿透力，卻對化學物質能否到達受精卵表示懷疑。我們再次因為缺少對這一問題進行的直接研究而受到限制。然而，在鳥類和哺乳動物的性腺及生殖細胞中都找到了大量ＤＤＴ殘留，這能有力證明至少氯化烴類物質不僅能遍布體內各部位，而且能夠直接接觸遺傳物質。賓州立大學的大衛斯教授，最近發現有種強大的化學物質可以阻止細胞分裂，這種被有限適用於癌症治療的物質可以造成鳥類無法繁衍。哪怕是不足以致死的劑量，也會阻止性腺細胞的分裂。大衛斯教授成功進行了一些實地測試。顯然，我們沒有理由希望或者相信其他有機體的性腺可以免遭環境中化學物質的危害。

最近醫學上在染色體異常這一領域做出的發現非常有趣也具有深遠意義。一九五九年，英國和法國的幾個研究團隊發現他們彼此獨立的研究指向了同一個結論——人類的一些疾病是因為正常的染色體數受到干擾而形成的。這些調查者對一些疾病和異常情況進行了研究，發現其染色體數量不正常。舉例來說：現在大家都知道典型的蒙古族人有一條額外的染色體。有時這條染色體會和其他染色體黏連在一起，於是染色體總數仍然是正常的四十六。然而一般來說，多出來的那條染色體是單獨存在的，總數即為四十七條。就這些個體而言，這種缺陷的源頭肯定在它出現之前的那代人身上。

患有慢性白血球增多症的患者體內有一種不同的機制在運轉，不管他們是美國人還是英國人。這些病人的血液細胞中一直出現染色體異常。這種異常包括部分染色體的丟失。這些病人的皮膚細胞中的染色體是完整的。這說明這種染色體缺陷並非由生殖細胞的染色體異常導致，而是在患者生命的某一時期直接對特定的細胞產生危害（在這一例子中，是血液細胞的前體細胞）。部分染色體的缺失或許導致這些細胞失去了從事正常行為的「指令」。

自這一領域開闢以來，和染色體異常有關的缺陷症越來越多，至今已經超出了醫學研究的範疇。其中有一種我們只知道它叫作克氏綜合症，和一條性染色體的複製有關。因此孕育出的個體雖然是男性，但卻攜帶了兩條X染色體（形成XXY而不是正常的XY），多少有些不正常。與之相反，如果有人只接收了一條性染色體（形成了XO而不是XX或XY），那麼她通常是女性，卻缺少很多第二性徵。這種情況通常還伴隨著各種各樣的生理（有時是心理）缺陷，因為X染色體上顯然攜帶了和各種特徵有關的遺傳基因。這種疾病被稱為特納綜合症。上述兩種疾病遠在其病因得以查明之前就在醫學文獻中有所記載。

現在許多國家的醫學工作者都就染色體異常這一課題進行了大量研究工作。其中威斯康辛大學的一個研究小組在克拉斯·帕陶的帶領下，就各類先天性畸形進行了研究，其中包括智慧缺陷，這似乎是由部分染色體的複製造成的，好像在精子細胞形成的過程中，染色體出現了斷裂，各部分沒有進行正確的重新分布。這種倒楣事很可能會影響胚胎的正常發育。

根據現有知識，出現額外的一整條染色體通常會帶來致命結果，會使得胚胎無法存活。只有三種情況可以存活：其中一種當然就是蒙古人。而另一方面，如果出現了一段多餘的染色體碎片，雖然情況非常嚴重但還不至於致命。而威斯康辛調查者的研究表明，這一情況能在很大程度上解釋一個現在仍然懸而未決的問題，即新生兒先天具有包括智慧遲緩在內的多種缺陷症。目前這仍然是很新的一個領域，科學家更關注相關疾病的染色體異常和缺陷發展的情況，而非就其原因進行推斷。如果認為造成染色體損傷或在細胞分裂中造成染色體異常行為的罪魁禍首是某一單獨的物質，肯定是非常愚蠢的想法。但我們現在又怎能忽略這樣一個事實呢——我們正在向環境中填滿各類能夠直接造成染色體損傷的化學物質，它們能夠精確瞄準，導致上述種種情況的發生？僅僅為了不讓馬鈴薯發芽或者不讓露臺上有蚊子，所付出的代價是不是太大了？

我們可以——如果我們願意的話——減少這些對於遺傳基因的威脅，基因是二十億年的進化歷程所賦予我們的財富，是物競天擇的結果，我們只是暫時保管這一財產，直到有朝一日將其傳遞給下一代。我們現在卻不去保護基因的完整性。雖然現在法律要求化工廠對其產品的毒性進行測試，但卻沒有要求它們檢驗這些產品對於基因造成的確切影響，工廠自然也沒有這麼做。

第十四章

四分之一

惡性腫瘤與癌症正逐漸普遍化

生物在很早之前就開始和癌症做鬥爭，甚至連鬥爭的起點都在時間中被遺忘了。但一定是在自然環境中開始的，那時地球上所有生物受到的各類影響，不分好壞，都源自太陽、風暴以及地球的原始本性。面對環境中某些元素帶來的危害，生物必須要去適應，否則就會滅亡。陽光中的紫外線輻射會造成惡性腫瘤。還有某些岩石的輻射，食物或水源受到土壤及岩石中沖刷出來的砷汙染之後也會如此。

甚至在生命出現之前，環境中就包含這種有害元素；然而生命仍然誕生了，並且經過數億年的時間出現了豐富的物種和難以窮盡的數量。在自然從容地度過了無數個年代後，生命透過物競天擇、適者生存這種破壞性的力量不斷調整，適應了自然。自然中這些會引發癌症的物質仍然會導致惡性腫瘤的產生，然而它們數量很少，而且生物已經從一開始就適應了這種古老的力量。

然而隨著人類的出現，情況發生了變化，因為在所有生命形式中，只有人類可以創造那些會引發癌症的物質，這在醫學術語上被稱為致癌物。煤煙就是一個例子，其成分中含有芳香烴。隨著工業時代的開啟，這個世界就一直在產生變化並且不斷升級。自然環境已經不復存在了，它很快就被一個充滿新型化學物質和物理物質的人工世界所取代，其中許多物質能夠使生物產生變化。人們對於他創造的這些致癌物毫無防禦能力，因為人類的生物遺傳進化得非常緩慢，因此對於新環境的適應也非常緩慢。所以，這些強大的物質很容易就能穿透身體未做好充分準備的防禦體系。

癌症由來已久，但我們對於致癌物質的認識卻經歷了很久才成熟。人類第一次認識到外部的或環境中的物質可以引發癌變是在將近二百年前，是一位倫敦的醫生發現的。一七五五年，波西瓦・波特爵士稱在掃煙囪工人中非常常見的陰囊癌一定是由堆積在他們體內的煙灰造成的。他沒有辦法提供我們今天所要求的「證據」，但現代研究手段從煙灰中提取了這種致命物質，並證明了他的看法是正確的。

在波特發現了這一事實之後的一百多年裡，人們似乎並沒有進一步認識到人們長期接觸、吸入或吞食環境中的某些化學物質後會引發癌症。人們確實注意到在康瓦爾和威爾斯的煉銅廠和錫製品鑄造廠工作並長期暴露在含砷廢氣中的工人經常會患上皮膚癌。人們也注意到在薩克森鈷礦和波西米亞約赫姆塔爾的鈾礦工作的工人經常會患上某種肺病，後來被確診為癌症。但這些現象都出現在工業化以前的時代，那時工廠還沒有遍地開花，後來它們生產出的產品就遍布在所有生物的生存環境中。

十九世紀最後二十幾年，人類才第一次意識到惡性腫瘤應該追溯至工業時代。大約和巴斯德發現傳染病來源於細菌是同一時間，其他研究者發現了是哪種化學源頭導致薩克森新型褐煤工業和蘇格蘭板岩工業的工人患上皮膚癌，還發現了因職業原因暴露在焦油和瀝青中的工人為什麼會患上癌症。十九世紀末，確定了六種工業致癌物質；而二十世紀則創造出了不計其數的致癌化學物質，並使得公眾與它們進行親密接觸。自波特以來，短短不到兩個世紀的時間裡，環境卻發生了極大的改變。並不只有職業工作者才會暴露在危險的化學工作中；這些物質已經入侵了所有人的生存環境——哪怕是尚未出生的孩子。所以我們發現惡性病的增加已經到了令人擔憂的地步，也就毫不奇怪了。

這一增長並不僅僅是主觀印象。人口統計辦公室一九五九年七月的月報表明由惡性疾病（包括淋巴和凝血組織的疾病）造成的死亡占總數的一五％，而一九〇〇年這一數字為四％。根據現有的發病率，美國癌症協會估計美國現有人口中最後將有四千五百萬人口患上癌症。這意味著每三個家庭中，就會有兩個家庭受到這種惡性病的攻擊。

而孩子們的情況更是令人擔憂。二十五年前，出現在兒童身上的癌症被認為是醫學上的罕見病例。而如今，癌症是美國學齡兒童的最主要死因。情況非常嚴峻，波士頓建立了美國第一家專門治療兒童癌症患者的醫院。一至十四歲死亡的兒童中，一四％是由癌症引起的。臨床上有許多不足五歲的兒童出現惡性腫瘤，而更可怕的是，其中有非常多的病例是在出生時或出生前就已產生腫瘤。國家癌症研究所的惠帕博士是研究環境性癌症領域的權威，他說先天性癌症和嬰兒時期的癌症可能和母體在懷孕期間暴露在致癌性物質有關，而這種物質穿透了胎盤作用於快速發展的胚胎組織中。實驗表明，動物暴露在致癌物質的年齡越小，引發癌症的機率就越大。佛羅里達大學的法蘭西斯・雷博士警告：「我們現在（在食物中）添加化學物質的行為或許會讓孩子們患上癌症……我們不知道，這會對接下來的一兩代人產生怎樣的影響。」

這裡困擾我們的問題是，在試圖控制自然的過程中，我們使用的哪些化學物質會直接或間接地引發癌症。從動物實驗中得到的證據表明，有多種農藥被很明確地判定為致癌物質。如果我們加上那些醫生們認為會致使人類患上白血病的農藥，這個名單會長很多。這些證據並非直接獲得的，因為我們無法對人類進行實驗，但仍然令人印象深刻。還有一些農藥對於活性組織和細胞的影響被認為是惡性腫瘤發生的直接原因，算上它們的話還能在名單中加上好多名字。

最初使用的幾種和癌症有關的農藥就包括砷，它以亞砷酸鈉的形式出現在除草劑中，以砷酸鈣和其他幾種化合物的形式出現在殺蟲劑中。砷和人類及動物癌症之間的聯繫由來已久。惠帕博士在其《職業腫瘤》一書中舉了一個非常精彩的例子來論述暴露在砷中的後果，這本書是該領域的一本經典巨著。西里西亞的雷欽斯坦市開發金礦和銀礦有一千年的歷史了，也有幾百年開發砷礦的歷史。幾個世紀以來，含砷廢棄物在礦井附近堆積，進入由山上流下的溪流中。地下水也受到了汙染，砷進入了飲用水中。幾個世紀以來，當地許多居民都患上了所謂的「雷欽斯坦病」——慢性砷中毒並伴隨有肝臟、皮膚、胃腸系統及神經系統紊亂。這種疾病通常會導致惡性腫瘤。雷欽斯坦病現在已經是歷史問題，因為二十幾年前當地採用了新的供水系統，絕大部分砷已經被清除了。在阿根廷科爾多瓦省，會產生皮膚癌的慢性砷中毒卻在當地流行，這是由於當地引用水來源於含有砷的岩層而受到了汙染。

如果長期使用含砷殺蟲劑，不難造成和雷欽斯坦以及科爾多瓦類似的情況。美國西北部許多種植菸草植物的土壤以及東部的藍莓地都浸滿了含砷物質，很容易就會造成水源的汙染。

被砷汙染的環境不僅會影響人類，也會影響動物。一九三六年，德國有一份很有意思的報告。在薩克森弗萊貝格附近地區，冶煉銀和鉛的熔爐將含砷廢氣排放到空氣中，這些廢氣再飄散至附近的鄉下，飄落在植被上。根據惠帕博士的報告，以這些植被為食的馬、牛、羊、豬都出現了毛髮脫落、皮膚變厚的情況。棲息於附近森林中的鹿身上有時會出現異常的色斑和癌前疣。很明顯是出現了癌變。無論是家畜還是野生動物，都出現了「砷腸炎、胃潰瘍和肝硬化」的病症。熔爐附近飼養的綿羊出現了鼻竇癌，死後在其大腦、肝臟和腫瘤中都發現了砷。而且當地「昆蟲，尤其是蜜蜂的死亡率非常高。雨水將含砷粉塵從樹葉上沖刷至小溪和池塘中，造成魚類大量死亡」。

而新型有機農藥中一個致癌物的例子是一種廣泛用於治理小蟲和蝨子的化學物質。這種物質的歷史以大量證據表明，雖然法律本應具有保護作用，但在公眾暴露在某種已知的致癌物中幾年後，進展緩慢的法律程序才能有效控制這種情況。從另一個角度看，這個故事非常有趣，它說明公眾現在被要求接受的「安全」物質或許明天就被發現是非常危險的。

這種化學物質發明於一九五五年，製造商請求批准一個容許值，允許噴灑了該物質的農作物上可以有小劑量的殘留。製造商按照法律規定進行了動物實驗，並同時提交實驗結果和該項申請。然而，食品和藥物管理局的科學家認為測試表明該物質有致癌的可能性，於是建議該產品為「零容許值」，也就是說法律不允許跨州運輸的食物中含有任何該物質的殘留。然而該製造商具有合法上訴權，因此一個委員會就對此情況進行了評估。委員會做出了一個折中的決定：設定了百萬分之一的容許值，允許該產品先上市兩年，在此期間進一步進行實驗室測試以判斷該物質是否真的是致癌物。

雖然委員會沒有明說，但他們的決定就意味著公眾就像豚鼠一樣，要和實驗室裡的狗和老鼠一起對這種可疑致癌物進行檢測。然而實驗室的動物很快就能給出結果，兩年之後證明了這種殺蟎藥的確會致癌。即使在當時，一九五七年，食品和藥物管理局也無法立即廢除其容許值，雖然它會讓這種已知致癌物的殘留汙染人們的食物。進行各類法律程序還需要一年時間。終於在一九五八年十二月，零容許值的決定終於生效了，而早在一九五五年，該局專員就做出了這一建議。

這絕非唯一一種會致癌的農藥。對動物進行的實驗室測試表明，DDT會產生可疑的肝臟腫瘤。食品和藥物管理局的科學家發現了這些腫瘤，雖然不知道該如何對其進行分類，卻覺得「有理由將它們看作低級的幹細胞癌」。

氨基甲酸酯中有兩種除草劑，IPC（苯胺靈）和CIPC（氯苯胺靈）會使小鼠產生皮膚腫瘤。其中一些是惡性腫瘤。這些化學物質似乎引發了癌變，而環境中彌漫的其他類型的化學物質完成了這一過程。

除草劑氨基三唑使實驗動物出現了甲狀腺癌。一九五九年，許多蔓越莓種植者誤用了這一化學物質，導致市場上銷售的一些蔓越莓中含有殘留。食品和藥物管理局回收了受汙染的蔓越莓後，出現了一些爭議，這種化學物質會致癌的說法受到了廣泛質疑，其中還有許多醫學界人士。食品和藥物管理局發布的科學證據清楚地表明了在實驗室小鼠身上使用氨基三唑會有致癌作用。在這些小鼠的飲用水中加入百萬分之一百的氨基三唑（或每一萬茶匙水中加入一茶匙該物質），小鼠在第六十八周就會出現甲狀腺腫瘤。兩年之後，超過一半的小鼠體內都會有這種腫瘤。經過診斷，這些腫瘤既有良性的，也有惡性的。即使給藥程度較低，也會出現腫瘤——事實上，只要給藥就會出現腫瘤。沒人知道什麼水準的氨基三唑會對人類產生致癌作用，但是哈佛大學的醫學教授大衛・魯茲坦博士指出，這個值很可能會對人們很不利，而非有利。

目前新型氯化烴殺蟲劑和現代除草劑出現的時間太短，尚無法確定其全部影響。大部分惡性腫瘤發展非常緩慢，患者需要經過相當長的一段時間才會顯現出臨床症狀。二十世紀二〇年代初，在錶盤上繪製發光圖形的女士因為嘴脣會碰到刷子而吞食非常微量的鐳；其中一些人十五年之後患上了骨癌。有些由於職業原因暴露在化學致癌物中而引發的癌症會需要十五至三十年的時間才能顯現。

和因為工業原因才暴露在各種致癌物中不同，軍事人員約於一九四二年首次暴露在ＤＤＴ

中，對於老百姓來說，是一九四五年，而直到一九五〇年代初期各種各樣的化學農藥開始投入使用。不管它們播下了多麼邪惡的種子，這些種子完全成熟的時間尚未到來。

一般的疾病都會經過漫長的潛伏期，然而現在有一個例外。這個例外就是白血病。廣島的倖存者在原子彈爆炸後三年就出現了白血病的症狀，而現在有證據表明潛伏期的時間甚至比這個還要短得多。有一天或許會發現其他潛伏期較短的癌症，但目前白血病似乎是唯一例外，不符合發展極度緩慢這一般規律。在現代農藥興起以來的這段時間裡，白血病的發病率穩步上升。國家人口統計辦公室的資料明確表明，造血組織惡性疾病的增長令人擔憂。一九六〇年，死於白血病的患者有一萬二千二百九十人。死於各類血液及淋巴癌症的患者共有二萬五千四百人，相較於一九五〇年的一萬六千六百九十人出現了大幅上漲。一九五〇年每十萬人中有十一・一人死於此類疾病，一九六〇年上升到十四・一。這種增長絕不僅僅局限於美國：在各個國家，各年齡階段死於白血病的人數以每年四%至五%的速度增長。這意味著什麼？人們暴露在環境中哪一種或哪些新出現物質的頻率增多，並因此而喪命呢？

像梅約診所這種世界聞名的機構都有數百名病患死於這類造血器官疾病。梅約診所血液科的瑪律科姆・哈格雷福斯博士和他的同事們報告，幾乎無一例外，這些病人都有暴露於各種有毒化學物質的歷史，如含有ＤＤＴ、氯丹、苯、林丹和石油餾出物的噴霧。

和使用各類有毒物質有關的環境疾病也增多了，「尤其在過去十年中」，哈格雷福斯博士這樣認為。大量的臨床經驗使他相信「絕大多數患有血質不調和淋巴疾病的病人都曾大範圍暴露在各種烴類物質中，而現今許多農藥都屬於這類物質。只要對其病史進行細緻研究，幾乎一定能發現這種關係的存在」。這位專家曾為許多患者診治過白血病、再生障礙性貧血、霍奇金氏病以及其他血液和造血組織疾病，因此現在擁有大量患者的詳細病史。他說：「他們都曾經大範圍地暴露在這些環境介質中。」

這些病例說明了什麼呢？其中一個與一位憎惡蜘蛛的家庭主婦有關。八月中旬的一天，她拿著裡面裝了DDT和石油餾出物的氣霧噴霧器來到了地下室。她把整個地下室徹徹底底地噴了一遍，包括樓梯底、水果櫥子裡以及天花板和梁木周圍遮起來的所有區域。噴完之後她就開始覺得非常不舒服，感到噁心、極度疲勞和緊張。接下來的幾天裡她覺得好轉了，然而她顯然沒有意識到這些問題的原因是什麼，她在九月又重複了這一整套流程，又經歷了兩輪噴藥─生病─暫時恢復─再次噴藥的循環。在第三次噴藥之後，出現了新的症狀：發燒、關節疼痛、全身不適，還有一條腿出現了急性靜脈炎。哈格雷夫斯醫生對其進行檢查時發現她患上了急性白血病。第二個月她就病逝了。

哈格雷夫斯醫生的另外一位病人是一位專業人士，他的辦公室坐落在一棟滿是蟑螂的老建築裡。他被這些昆蟲的出現弄得狼狽不堪，於是決定親自進行治理。某一個星期天，他花了半天時間將地下室和所有隱蔽的區域都噴了藥。噴霧中，DDT以二五%的濃度懸浮在含有甲基化萘的溶劑中。他很快就出現了瘀青，開始流血。他走進診所時，很多地方都在流血。血液檢測表明骨髓出現了嚴重衰退，患上了一種稱為再生障礙性貧血的疾病。之後的五年半中，他輸了五十九次血，並進行其他治療。有局部好轉，但大約九年後，出現了致命的白血病。

涉及農藥的病例裡，最主要的包括DDT、林丹、六氯化苯、硝基酚、常見的防蛀晶體對二氯苯、氯丹以及承載它們的溶劑。這位醫生強調，僅僅暴露在單一的化學物質中的情形是例外，而非常見情況。此類商品通常為幾種化學物質共同懸浮在石油餾出物或其他分散液中。溶劑中的芳香環和不飽和碳氫化合物，本身就是對造血器官造成危害的主要因素。但是從實際的而非醫學角度出發，這種區別意義不大，因為通常在噴藥時，石油餾出物是其中不可缺少的一部分。

哈格雷夫斯醫生認為這些化學物質和白血病及其他血液疾病之間有著因果關係，美國和其他國家醫學文獻中都有大量案例支持這一看法。這些病例包括日常生活中的各種人：受到自己的噴霧設備或飛機「粉塵」毒害的農民，在書房裡撒了滅蟻藥卻仍待在裡面學習的大學生，在家裡裝了可攜式林丹氣化器的婦女，在噴了氯丹和毒殺芬的棉花地裡工作的工人。這些病例中還有許多被醫學術語掩蓋了的人間悲劇，比如，捷克斯洛伐克的一對表兄弟，他們住在同一個鎮上，總是一起工作一起玩。他們的最後一份工作也是一份致命的工作，是在一個合作農場上噴灑一袋一袋的殺蟲劑（六氯化苯）。八個月後其中一個男孩得了急性白血病。九天後就去世了。幾乎在同時，他的表兄弟開始出現容易疲勞和發燒的症狀。不到三個月，他的症狀加重並住院治療。診斷結果表明也是急性白血病，同樣的，這一疾病又開啟了必死之路。

還有一位瑞典的農民，很奇怪，他會讓人想起那艘金槍魚捕撈船「福龍號」上的日本漁民久保山。像久保山一樣，這位農民之前非常健康，久保山以海洋為生，他依賴他的土地謀生。對於這兩個人來說，天空中飄下的毒藥都帶著一張死刑判決書。這個人的是被輻射破壞的灰燼；另外一個人則是化學粉塵。這位農民用含有DDT和六氯化苯的粉塵料理了六十公頃土地。他工作時，一陣陣的風使得小團的粉塵在他身邊打轉。「當天晚上他就覺得異常疲憊，在接下來的幾天中，他經常感到虛弱，背疼腿疼並覺得寒冷，不得不臥床休息，」隆德一家醫療診所的報告中寫道，「然而他的情況卻越發糟糕，五月十九日（噴藥後一周）他申請去當地醫院住院治療。」他發起了高燒，血球計數出現異常。他被轉院到了內科門診部，在那裡進行了兩個半月的治療後去世了。屍檢顯示他的骨髓已經完全萎縮了。

像細胞分裂這樣一個正常又重要的過程如何能變得反常又有破壞性，這一問題讓無數科學家投入了大量精力，也不知道花了多少錢。細胞裡到底發生了什麼，才使得這一有序的增殖過程變成了癌症不受控制地狂亂擴散的過程？

等找到答案時，幾乎可以肯定這個答案是有多方面的原因的。癌症本身就有多種偽裝，它以不同的形式出現，具有不同的起因，不同的發展過程，影響它們擴散和退化的原因也各不相同，所以相應的，也會有各種不同的原因。然而潛藏在這些原因下面的罪魁禍首，或許只是對細胞造成的幾種基本傷害。世界各地開展了廣泛的研究，在這遍布各地的研究中，還有甚至並非專門針對癌症的研究中，我們都看到微細的曙光，總有一天，這個問題會被這道光所照亮。

我們再次發現僅僅觀察那些生命最小的單位，細胞和染色體，我們能得到更廣闊的視野來解答這些謎題。這裡，在這個微觀世界中，我們要尋找哪些因素變更了細胞神奇的作用機制，使其偏離了正常模式。

瓦爾堡認為輻射和化學致癌物都能夠破壞正常細胞的呼吸作用，從而剝奪它們獲得能量的能力。重複使用微小劑量可能會導致這種結果。而這種情況一旦發生，就是無法逆轉的。沒有被這些破壞呼吸作用致毒劑立刻殺死的細胞會竭力彌補損失的能量。它們無法再繼續進行那種特別又高效的循環來產生ＡＴＰ了，而是又退而使用原始、效率非常低的方法——發酵。透過發酵來繼續存活的鬥爭持續了很長時間。而之後進行的細胞分裂使得所有的子細胞都使用這種畸形的方式呼吸。細胞一旦失去了正常的呼吸作用，就無法再重新獲得這種作用——一年不行、十年不行、幾十年也不行。然而在竭力彌補損失的能量的過程中，存活下來的細胞開始越來越多地使用發酵來進行能量補償。這是一場達爾文式的爭鬥，只有最合適的或適應力最強的才能存活。最後發酵可以和呼吸作用產生相同的能量了。這時，我們說癌細胞被正常細胞創造了出來。

瓦爾堡的理論還解釋了其他一些謎題。大部分癌症之所以有潛伏期，是因為在呼吸作用遭到破壞之後，需要一段時間進行細胞分裂，這時發酵作用得以不斷增強。不同的生物發酵作用需要的時間不同，因為它們的發酵速度各不相同：老鼠的時間較短，癌症出現得就快；人類的時間較長（可能要幾十年），所以人類發生癌變的過程非常緩慢。

瓦爾堡的理論也解釋了為什麼在某些情況下，重複使用小劑量致癌物的危害比單次大劑量使用的危害要大。後者會立刻殺死細胞，而小劑量雖然能使一些細胞存活，但這些細胞遭到了破壞。這些倖存者於是就發展成癌細胞。所以說，致癌物沒有「安全」劑量。

根據瓦爾堡的理論，我們還找到了對另外一個令人費解的事實的解釋——為什麼可以用於治療癌症的物質卻同時能致癌呢？很多人都知道，輻射具有這種特性，它可以殺死癌細胞卻同樣能夠引發癌症。很多用於治療癌症的化學藥物也是如此。為什麼呢？這兩種物質都能夠破壞氧化作用。癌細胞的氧化作用已經是有缺陷的，所以再稍加破壞它們就會死亡。而正常細胞第一次受到針對呼吸作用的破壞，不會死亡，卻會踏上發生癌變的道路。

瓦爾堡的理論在一九五三年得到了驗證，當時其他工作者僅僅藉由長期間斷性地停止給細胞供氧，就可以把它們轉化成癌細胞。一九六一年，又出現了其他證據，這次證據來源於活體動物而非組織培養。放射性示蹤劑被注入患有癌症的小鼠體內。透過對它們的呼吸作用進行仔細衡量，發現其發酵作用的速度遠高於正常水準，正如瓦爾堡所預見的那樣。

根據瓦爾堡確立的標準，大多數農藥都達到了非常厲害的致癌物的水準。我們已經知道，許多氯化烴物質、酚類以及一些除草劑會妨礙細胞進行氧化作用和產生能量的過程。它們會以同樣的方式創造一些休眠癌細胞，這種不可逆轉的癌變作用長期潛伏，不為人們察覺，最終會以明顯的癌症形式公開出現，但這時它的形成原因早就被人們遺忘甚至都不會受到懷疑了。

通往癌症的另外一條路徑就是對染色體進行作用。該領域最著名的研究者會對任何損壞染色體、影響細胞分裂或是引發突變的物質都投以懷疑的眼光。雖然對於突變的研究經常和生殖細胞有關，會使其下一代受到影響，但身體細胞中也有突變的情況存在。根據癌症起源於突變的理論，細胞在輻射或化學物質的作用下，會發生突變，使其擺脫身體對於細胞分裂的慣常控制作用。於是它們就會以狂野的、不加束縛的方式增殖。這些細胞分裂出的細胞同樣具有逃脫管制的能力，經過了足夠長的時間後，這些細胞累積起來形成了癌症。

首次對染色體異常引發癌變的全過程進行研究的兩人是紐約斯隆凱特琳研究所的阿爾伯特·萊文和約翰·貝塞爾。至於是癌變先出現還是染色體異常先出現這一問題，這兩位研究者毫不猶豫地回答：「染色體異常早於癌變出現。」他們推測，可能在最初的染色體異常出現之後和最終不穩定性的形成期間，許多代細胞經歷了不斷試錯的長期過程（癌症的漫長潛伏期），在此期間，終於累積足夠多的突變，使得細胞可以擺脫控制，開始不規則的增生，也就是出現了癌症。

歐吉韋德・溫吉是染色體不穩定理論的首批支持者之一，他認為人們尤其需要關注染色體複製的現象。經由對六氯化苯和同類物質林丹進行反覆觀察，知道它們會導致實驗植物染色體加倍；而在許多證據充分的貧血病致死案例中都有這兩種物質的身影，這難道是巧合嗎？而其他各種妨礙細胞分裂、致使染色體斷裂並引發突變的農藥又是什麼情況呢？

不難看出白血病是暴露在輻射和鐳輻射物中之後最容易引發的疾病之一。化學或物理誘變劑的主要目標就是分裂活動尤為活躍的細胞。其中包括許多不同組織，但最重要的是和造血功能有關的組織。人的一生中，骨髓是血紅細胞的主要生產者，它每秒都會向人類血液中傳送大約一千億個新細胞。白細胞則是在淋巴腺和一些骨髓細胞中形成的，形成的速度雖然不穩定但十分驚人。

某些化學物質再一次讓我們想起了像鍶90一樣的輻射物，它們對於骨髓有著強烈的吸引力。經常被用作殺蟲劑溶劑的苯，會在骨髓中滯留，時間能長達二十個月之久。許多年前，醫學文獻就認定苯會引發白血病。

兒童快速發育的組織也會為癌細胞的生長提供最有利的環境。麥克法蘭・博內特爵士曾指出，白血病不僅出現了世界範圍的增長，而且最常見於三～四歲的年齡組，而這個年齡階段的兒童並沒有其他高發疾病。這位權威專家說：「一定是因為在出生前後，這些兒童的組織曾暴露在致癌物中，除此之外，沒有什麼原因能夠解釋為什麼三～四歲是發病率的高峰。」

尿烷是另外一種已知的能引發癌症的誘變劑。懷孕的小鼠受到這種物質的處理後，不僅自己會出現肺癌，牠們的後代也會如此。而這些試驗中的幼鼠唯一暴露在尿烷中的時間就是在胚胎中。惠帕博士曾經警告，人類暴露在尿烷和相關化學物質中後，也可能因為在胚胎時暴露在化學物質中使得嬰兒出現了腫瘤。

尿烷是一種氨基甲酸酯，和除草劑ＩＰＣ和ＣＩＰＣ有著近似的化學性質。儘管癌症專家做出了警告，氨基甲酸酯現在仍廣為使用，不只作為殺蟲劑、除草劑和殺菌劑，還被用於增塑劑、藥物、服裝以及絕緣材料等各種產品中。

癌症產生的過程也可能是間接迂迴的。通常看來不是致癌物的物質也可能會擾亂身體某部分的正常功能，並最終引發癌變。重要的例子就是和性激素失衡有關的癌症，尤其是生殖系統癌症；在一些病例中，這種干擾是由於肝臟受到了某種物質的影響進而無法將這些激素保持在穩定水準上。氯化烴恰恰是能引起這種間接癌變作用的物質，因為所有氯化烴類物質對於肝臟都有某種程度的毒性。

性激素是可以在人體中正常存在，並起著促進各類生殖器官發育的作用。然而身體內部有防止性激素過量堆積的自我保護機制，肝臟就起著平衡雄性激素和雌性激素（男性女性體內都有這兩種激素，雖然數量不同）平衡的作用，以避免出現某種激素過量的情況。然而，如果肝臟因為疾病或化學物質受到了損傷，或者維生素Ｂ群的含量降低，它就無法正常發揮其作用。

在這種情況下，雌激素的含量就會異常的高。

會帶來什麼影響呢？實驗中至少有大量和動物有關的證據。在一個此類試驗中，洛克菲勒醫學研究所的一位調查者發現肝臟受損的兔子出現子宮腫瘤的機率非常高，他認為這是由於肝臟無法抑制血液中的雌激素，雌激素「隨之增長到足以致癌的水準」。大量以老鼠、豚鼠以及猴子為主體進行的實驗表明，長期攝入雌性激素（劑量不一定要很高）會導致生殖器官的組織產生變化，「既有兩性增生，也有明顯的惡性腫瘤」。倉鼠攝入雌激素後會出現腎臟腫瘤。

雖然對這一問題的醫學意見並不統一，但大部分證據都表明，人體組織內也有類似的作用。麥吉爾大學皇家維多利亞醫院的調查者發現，在他們研究的一百五十起子宮癌病例中，有三分之二的病例都顯示出異常高的雌激素水準。之後研究的二十起病例中，九〇％都與之類似，含有高度活躍的雌激素。

還有這樣的可能，肝臟受到的損傷已經足以擾亂它正常的抑制雌激素的活動，但目前醫學上現有的測試卻無法檢測出這種損傷。氯化烴很容易就能產生這種情況，因為我們已經知道，低劑量的攝入就會引起肝臟細胞出現變化。它們還可能導致維他命Ｂ群的流失。這一點也尤為重要，因為其他證據鏈表明，這類維生素對於抗癌有著積極作用。已故的羅茲一度是斯隆凱特琳癌症研究所的所長，他發現哪怕實驗中的動物被暴露在高劑量的化學致癌物中，只要給它們餵食酵母（一種富含天然維生素Ｂ群的食物），就不會出現癌症。一般口腔癌和消化道其他位置的癌症也伴有缺乏這種維生素的現象。不僅在美國觀察到了這一現象，甚至在瑞典和芬蘭偏遠的北部地方也得出了相同結論，那裡的飲食通常都缺乏各類維生素。而容易患上原發性肝癌的群體，比如非洲的班圖部落，通常都有營養不良的情況。男性乳腺癌盛行於非洲部分地區，通常和肝臟疾病及營養不良有關。戰後的希臘經常有男性胸部增大的病例，這通常伴隨著飢荒出現。

總之，稱農藥會間接引發癌症是因為已經證明了它們能夠損害肝臟，減少維生素B群的供應，從而導致「內生性」雌激素，也就是身體自己分泌的雌激素增多。除此之外，我們還越來越多地暴露在各類合成雌激素中——化妝品、藥物、食品以及職業環境中都有這類雌激素的存在。兩者相結合產生的效果足以引起人們的嚴肅對待。

人類暴露在致癌化學物（包括殺蟲劑）中的情形多種多樣，難以控制。個體可能會在許多不同的情況下暴露在同一種化學物質中。砷就是這樣一個例子。它以各種不同偽裝存在於每個人的生活環境中：空氣汙染物、水源汙染物或者是顏料和墨水中的上色物質。很可能單獨的暴露都不足以引發癌變——然而任何被認為「安全的劑量」對於擔負了許多其他「安全劑量」的個體來說，都可能是壓死駱駝的最後一根稻草。

同樣的，兩種或多種致癌物共同產生危害時，它們的作用就會疊加。比如說，暴露在DDT中的個體幾乎一定會暴露在其他會造成肝臟損傷的烴類物質中，因為它們被廣泛用作溶劑、脫漆劑、脫脂劑、乾洗液以及麻醉藥。那時ＤＤＴ又哪有「安全劑量」可言呢？

而一種物質可能會作用於另外的物質從而改變其影響，這時情況就更加複雜了。癌症的出現有時需要兩種化學物質的互補作用，一種使細胞或組織變得敏感，這樣在另外一種物質或者其他促進因素的作用下，才會發生真正的癌變。因此，ＩＰＣ和ＣＩＰＣ這兩種除草劑可能是皮膚癌的發起者，播下了腫瘤的種子，但直到其他東西——甚至是一種普通的洗滌劑——進入，才會引發真正的癌變。

化學物質和物理物質間也可能會產生相互作用。白血病的產生需要兩個步驟，Ｘ射線激發了癌變，一種其他的物質——比如尿烷——可以達到促進作用。人們越來越多地暴露於各種輻射源中，再加上與各類化學物質的接觸，這給現代社會提出了一個嚴峻的新問題。

輻射性物質對於水源的汙染引發了另外一個問題。這些物質以汙染物的形式出現在已經含有其他化學物質的水源中時，很可能會透過電離輻射的作用改變這些化學物質的性質，以無法預測的形式重新排列其原子，創造出新的化學物質。

洗滌劑現在幾乎在全球範圍內對公共水源造成了汙染，全美的水汙染專家都因這一棘手的事實而憂心忡忡。沒有辦法經由治理將這些物質清除。很少有洗滌劑是致癌的，但它們會作用於消化道的內側組織，讓它們變得更容易吸收危險的化學物質，從而加劇了化學物質的影響，因此它們會以這種間接的方式提升癌症的發病率。但誰又能預見並控制這種作用呢？各類情況像萬花筒一般千變萬化，除了「零劑量」，什麼樣的劑量對於致癌物來說是「安全的」呢？

我們對於環境中致癌物質存在的容忍會使自身處於危險之中，最近發生的一件事就明確說明了這一點。一九六一年春天，聯邦、各州以及私人的孵化場中的虹鱒魚爆發了肝癌。美國東部地區和西部地區都受到了影響；在某些地方幾乎全部三年以上的鱒魚都出現了癌症。這一事實的發現是由於美國國家癌症研究所環境癌症部門和魚類和野生動物管理局都事先已經準備對所有生有腫瘤的魚類進行報告，這樣可以提前警告人們預防水中汙染物帶來的危害。

雖然研究工作至今仍在尋找在如此廣闊的區域爆發這種流行病的確切原因，但是目前最有利的證據指向了事先準備好的孵化場飼料中含有的某種物質。這些飼料中除了基本的食物，還包含了各種各樣的化學添加劑和醫用物質，種類驚人。

從很多方面來看，鱒魚的案例都有著重要意義，但主要能告訴我們當強力的致癌物進入環境中會出現什麼情形。惠帕博士稱這一流行病嚴重警告了我們，必須更多地關注環境中致癌物的數量和種類控制問題。「如果不採取預防措施，」惠帕博士稱：「人類很快就會有類似的災難發生。」

一位研究者稱，我們生活在「致癌物的海洋中」，這一發現令人灰心喪氣，很可能會產生絕望與消極的情緒。人們通常會問：「是不是無藥可救了？」「難道試圖把這些致癌物從我們的世界中清除是不可能的嗎？更好的做法難道不是不再浪費時間嘗試，而是把所有精力集中在研發治療癌症的對策上嗎？」

這些問題被提交給了惠帕博士，他在癌症領域的多年突出工作使得他的意見受人尊重。他經過深思熟慮，並利用其一生的研究及經驗給出了自己的答案。惠帕博士認為今天癌症所造成的嚴峻形勢和十九世紀末期傳染病給人類帶來的困境一樣。巴斯德和科赫的出色工作確立了病原生物體和各種疾病之間的因果關係。醫療工作者甚至公眾都逐漸意識到人類環境中存在著大量可以致病的微生物，就如同今天充斥在我們環境中的致癌物一般。大部分傳染病現在都得到了有效控制，有一些已經被徹底根除了。這一偉大的醫學成就的取得要歸功於雙重攻擊——既注重預防，又加強治療。儘管外行人腦子裡想的是「魔術彈」和「神丹妙藥」，但在針對傳染病的戰爭中最具決定性的戰役包含了各項消滅環境中病原體的措施。一百多年前，倫敦爆發的一場大型霍亂就是一個歷史例證。倫敦的一位醫生約翰・斯諾將疾病出現的地點在地圖上標出，發現它們都起源於同一個地區，那裡的所有居民都從布羅德街上的一個泵井裡取水。斯諾醫生迅速並果斷地採取了預防醫學的一種手段，他把泵上的把手去掉了。傳染病因此得到了控制——並非是什麼神奇藥丸殺死了（當時還不為人知的）霍亂病原體，而是將病原體從環境中清除了。即使醫療手段能取得重大進展的原因也不僅僅是醫治病人，還包括減少病灶。現在結核病發病相對較少的原因是普通人現在幾乎與結核菌沒有什麼接觸。

今天我們的世界充滿了致癌物質。如果我們針對癌症的戰爭僅僅專注於或者主要專注於治療手段（就算我們假設可以找到「治癒手段」），那麼根據惠帕博士的說法，這場戰爭就無法成功，因為它將儲存了大量致癌物質的倉庫置之不理，而這些物質奪人性命的速度會超過現在還毫無蹤跡的「治癒手段」減緩當前形勢的速度。

我們為什麼一直不願意接受這種常識性的方法來應對癌症問題？或許因為「治癒癌症患者的目標與預防措施相比，更振奮人心，更具體，更迷人也更值得吧」，惠帕博士說。然而採取預防措施阻止癌症的形成「顯然更有人性」，也「比治療癌症更有效」。惠帕博士幾乎無法忍受這種癡心妄想，一位「每天早上吃早餐之前吞一顆神奇的藥丸」就能預防癌症。很多公眾相信最終會出現這種結果，因為他們誤以為癌症是單一的疾病，雖然有點神祕，但由單一的原因引起，也能有希望找到單一的治療方法。這當然和已經知道的真理相去甚遠。環境癌症是由多種化學物質和物理物質引起的，惡性腫瘤本身也以各種不同的、具有不同生物特徵的方式顯現。很早之前就承諾的「突破」，等它出現的時候（如果會出現的話），也不能期待它是治癒各類癌症的萬能藥。雖然必須要繼續研究治療手段來減緩並治癒現有的癌症患者，但宣揚解決方案會以靈丹妙藥的形式突然出現，這不過是幫倒忙。解決方案會慢慢地、一步一步扎扎實實地出現。我們把好幾百萬的錢和所有的希望都投入為現有癌症尋求治療方法的研究項目中，哪怕我們在尋求治療，我們卻在同時忽視了預防的黃金時期。

征服癌症的目標絕非毫無希望可言。從某一個重要的方面看，其前景比在十九世紀末二十世紀初應對傳染病的情形更加鼓舞人心。那時的世界充滿了病菌，就像今天的世界充滿了致癌物一樣。但是病菌並非是由人類放到環境中的，他也並非出於自願對病菌進行的傳播。與之相反，絕大部分的致癌物都是由人類放在環境中的，而且如果他願意的話，他可以把它們從環境中清除。致癌的化學物質盤踞在我們世界中的原因有二：第一種非常具有諷刺意味，它們的出現是由於人類為了尋求更好、更方便的生活方式；第二種，因為這些化學物質的製造和銷售已經成為我們經濟和生活方式中公認的一部分。

認為所有的化學致癌物都可以從現在世界中清除，這是不切實際的。但是其中很大一部分都絕非生活必需品。清理了這些物質後，它們加諸生命的總負擔將會大大減輕。我們應當下定決心，努力清除這些現在正在汙染我們的食物、供水以及大氣的致癌物，因為這些物質給我們帶來的接觸是最危險的——暴露程度微弱，卻一年又一年地不斷重複。

在癌症研究領域許多最為傑出的研究者也贊成惠帕博士的觀點，他們相信只要我們持續堅定不移地查明環境因素，並將其清除以減小危害，惡性疾病就能大幅減少。而對於體內潛藏著癌細胞或是已經有了明顯表現的患者，當然還要繼續尋求治癒之道。但對於尚未患上此類疾病的人以及還未出生的子孫後代來說，預防是當務之急。

一第十五章一

大自然在反抗

大肆破壞自然界，將導致生態失衡，引發災難

我們冒著極大的風險竭盡所能地把大自然塑造得合乎我們的心意，但是最終卻失敗了，這確實是個極大的諷刺。然而看來這就是我們的處境。雖然很少被人提及，但這個事實顯而易見，塑造大自然沒那麼簡單，並且昆蟲找到了避開我們對牠們化學攻擊的方法。

「昆蟲世界是大自然最驚人的現象」，丹麥生物學家布里傑說道：「對昆蟲世界來說，沒有什麼是不可能的；最不可思議的事情在那裡也會發生。能夠深入瞭解昆蟲世界神祕之處的人，總會不斷地為牠的神奇感到無比驚歎。他知道一切皆有可能發生，即使是完全不可能的事也經常出現。」這種「不可能的事情」如今在兩個廣泛的領域內發生著。經由遺傳選擇過程，昆蟲正產生著對化學藥品有抵抗性的種族。更廣泛的問題，也是我們現在應該關注的問題是，我們的化學攻擊正削弱著環境本身固有的、阻擋各種昆蟲的防禦能力這一事實。每當我們打破這道天然防線，一大群昆蟲就會湧現出來。

來自世界各地的報告都清楚表明我們正處在一個嚴重的困境中。大量地使用化學控制，十年或更長時間以後，昆蟲學家們就會發現，他們認為幾年前已經解決的問題又出現來折磨他們。一個新的問題出現了，曾經數目不多的一些昆蟲現在已經瘋長成災了。由於昆蟲的自然本性，化學控制總是弄巧成拙，因為化學控制的設計和使用沒有把複雜的生物系統考慮在內，就徑直將其投入對抗昆蟲的戰鬥中去了。這些化學藥物可能已經對少數幾種昆蟲進行了預測，但無法預測整個生物種群的後果。

一些地方如今流行無視大自然的平衡，這種自然界的平衡在早期較簡單的世界中是一種占上風的狀態——一種現在已經被完全打亂並且我們可能已經快要遺忘的狀態。有人認為這是一個方便的設想，但是把這種設想當成行動指南的話就非常危險了。雖然現在的自然界平衡和冰川時代的平衡不一樣，但它仍然存在：這是一個將各個生物聯繫起來的複雜、精確、高度一體化的系統，我們不能再毫無顧忌地漠視它了，否則就會像坐在懸崖邊上卻無視重力規律的人一樣危險。自然界的平衡不是一成不變的狀態；它是流動的、變化的、永遠調整的狀態。人類自然也是平衡狀態的一部分。有時，這種平衡狀態對人類有益；有時，這種平衡——經常受到人類自身活動的影響——變得對人類不利。

兩個重要的事實在人們制訂現代昆蟲控制計畫時被忽略了。

第一，對昆蟲真正有效的控制來自大自然而不是人類。從第一個生命存在以來，昆蟲繁衍數量一直被一種昆蟲學家們稱之為環境防禦能力的東西所控制著。可利用的食物量、天氣及氣候條件、競爭生物或捕食生物的存在，這一切都極為重要。「防止昆蟲破壞我們世界其他地方的最重大的一個因素，就是它們內部發起的自相殘殺的戰爭。」昆蟲學家羅伯特・麥特卡夫說。然而現在我們所使用的化學藥物殺死所有的昆蟲，不管是我們的朋友還是敵人一律格殺。

第二個被忽視的事實是，一旦環境的防禦能力被削弱，某些昆蟲就會出現真正爆發性的繁育能力。許多不同生命的繁殖能力已經超過了我們的想像力，儘管我們現在和過去對此有過暗示性的瞬間。從學生時代起我就記得這樣一個奇蹟：在一個裝著乾草和水的簡單混合物的罐子裡加入幾滴成熟的原生物培養液，奇蹟就發生了。幾天之內，這個罐子裡就會出現一群旋轉的、向前移動的生命——數不清的數以億計的拖鞋狀的微生物草履蟲，每一個小得像一顆灰塵，牠們全都在這個溫度適宜、食物豐富、沒有敵人的臨時伊甸園裡毫無約束地繁殖著。這景象使我一會兒想起了海灘上使岩石變白的藤壺已到眼前的場面，一會兒想起一大群水母游過的場面，似乎永無止境地顫動著，鬼魅般的身形和海水一樣虛無縹緲。

當鱈魚遷移穿越過冬季的海洋到達牠們的產卵地時，我們就可以看到奇蹟般的大自然控制的作用。在那裡，每條雌性鱈魚產下幾百萬個卵。如果這些鱈魚的所有後代都能成活的話，大海肯定會變成一塊鱈魚的固體，但這並沒有發生。平均來看，每對鱈魚會產下幾百萬條幼魚，只有當這些幼魚都存活下來變成成魚頂替父母時，才會對自然界造成約束。

生物學家們過去常常猜測：如果發生了一場無法想像的大災難，自然防禦能力消失了，一個單個物種的所有後代都生存下來了，那將會發生什麼呢？因此，一個世紀前，湯瑪斯・赫胥黎計算出，單個雌性蚜蟲（牠具有不須交配就可以繁殖後代的神奇能力）在一年內產出後代的總重量相當於當時中國總人口的重量。

幸運的是，對我們來說這種極端情況只是理論上的，但是對動物種群學的學生們來說，擾亂自然界本身的計畫而形成的可怕後果是眾人皆知的。畜牧業者不遺餘力地消滅山狗而導致田鼠成災，而以前山狗控制了田鼠的數量。在這一方面，亞利桑那的凱巴布鹿的案例經常重演。曾經，這種鹿和其所在的環境處於一種平衡狀態。一定數量的捕食者——狼、美洲豹、山狗——控制著鹿的數量，使其不超過牠們的食物供給量。接著一項「保護」鹿的運動開始了，鹿的敵人都被消滅。一旦掠食者們消失，鹿的數量迅速增長，很快牠們就沒有足夠的食物了。在牠們尋找過食物的樹上，沒有葉子的地方也越來越高。後來，死於飢餓的鹿的數量遠遠多於之前被掠食者獵殺的數量。此外，整個環境也被牠們為了尋找食物而破壞了。

田野和森林中捕食性的昆蟲也有著和凱巴布高原上的狼和山狗一樣的作用。消滅牠們，被捕食的昆蟲數量就洶湧地增長起來。沒有人知道地球上生存著多少種昆蟲，因為還有很多昆蟲需要被鑑定。不過，已經有超過七十萬種昆蟲記錄在案了。這就意味著從物種數量上來看，地球上七〇％到八〇％的生物是昆蟲。這些昆蟲中的絕大多數都被自然力量控制著，沒有任何人為干涉。如果不是這樣的話，那麼很值得懷疑任何可以想到的化學藥物劑量——或者任何其他方法——是否能夠控制住昆蟲的數量。

糟糕的是，我們很少意識到昆蟲的天然敵人所提供的保護直到它失效。我們中的大多數人生活在這個世界上，卻對這個世界視而不見，察覺不到它的美麗、奇妙，以及生活在我們周圍的生物所具有的神奇甚至可怕的強大力量。正是因為這個原因，我們對捕食昆蟲和寄生生物的生活習性幾乎一無所知。也許，我們可能已經注意到花園灌木上一個外形奇特、外貌凶惡的昆蟲，並且隱約意識到這個捕獵的螳螂能夠消滅其他昆蟲。但是，只有當我們夜晚走在花園裡，用手電筒瞥見到處都有螳螂在偷偷靠近牠的獵物的時候，我們才會理解看到的一切。那時，我們就會意識到捕獵者和獵物之間上演的戲劇。那時，我們就會感受到自然用以控制自己的殘酷的壓迫力量。

捕食者——殺死或消耗其他昆蟲的昆蟲——有很多種。有些昆蟲動作敏捷，就像燕子在空中捕捉獵物一樣迅速。還有一些昆蟲沿著枝幹有條不紊地爬行，摘取吞食著像蚜蟲一樣不動的昆蟲。大黃蜂捕捉軟體昆蟲，並用其汁液餵養幼蜂。泥瓦匠馬蜂在屋簷下用泥土建造圓柱狀的蜂巢，並在蜂巢中儲存好昆蟲，幼蜂便會以此為食。沙黃蜂飛舞在正在吃草的牛群上方，消滅了讓牛群備受折磨的吸血蠅。發出大聲嗡嗡聲的食蚜蠅，經常被人們誤以為是蜜蜂，牠們把卵產在蚜蟲侵食的植物葉子上；孵出的幼蟲就會消滅大量蚜蟲。瓢蟲，是蚜蟲、蚧殼蟲和其他葉食類昆蟲最好的消滅者之一。毫不誇張地說，一個瓢蟲需要消耗幾百個蚜蟲，才能燃起牠能量的小火焰，以用來產一批卵。從習性上來說，更奇特的是寄生性昆蟲。寄生昆蟲不立即殺死牠們的宿主。相反，牠們利用各種適當的方法利用宿主為幼蟲提供營養。牠們會把卵產在獵物的幼蟲或蟲卵內，以便牠們自己孵出的幼蟲靠消耗宿主來獲取食物。一些昆蟲用黏液將卵黏在毛蟲身上；孵化時，寄生幼蟲就鑽到宿主皮膚裡面。還有一些昆蟲，受天生偽裝本能的驅使，牠們把卵直接產在樹葉上，這樣，吃葉子的毛蟲就會不小心將牠們吃進去。

在田野、灌木籬牆、花園和森林中，到處都有工作著的捕食性昆蟲和寄生性昆蟲。在一個池塘上，蜻蜓上下翻飛，陽光照在牠們的翅膀上撞擊出刺眼的火花。牠們的祖先曾經在生活著大型爬行類動物的沼澤中急速飛過。如今，和古時候一樣，牠們用尖銳的眼力在空中捕捉蚊子，把牠們兜捕在籃子狀的幾條腿之間。在水下，蜻蜓的幼蟲，又叫小妖精，捕食水生階段的蚊子和其他昆蟲。又或者那裡，和葉子基本融為一體的是草蜻蛉，牠有著綠色薄紗般的翅膀和金色的眼睛，靦腆害羞而又神神祕祕，牠是曾在二疊紀生活過的一種古代物種的後裔。成年草蜻蛉主要以植物花蜜和蚜蟲汁液為食，時常把牠的卵產在一根長長的莖稈上，並將其和一片葉子相連。牠的孩子出現了——一種被稱為蚜獅的奇特、直立的幼蟲，靠捕食蚜蟲、蚧殼蟲或蟎蟲為生，牠們捕捉這些昆蟲，並將其體液吸乾。牠們的生命在不停循環，直到做出白色絲繭使其度過蛹期，每個幼蟲都要消耗幾百隻蚜蟲。還有許多蜂類和蠅類也是這樣，牠們的生存完全依賴於寄生作用消滅其他昆蟲的卵或幼蟲。雖然一些寄生蟲卵是極小的蜂類，但是牠們透過巨大的數量和極強的活動力，抑制了很多侵害莊稼的昆蟲進行大量繁衍。

所有這些小生命都在工作著——無論是在晴天還是下雨天、白天還是夜晚，甚至是在寒冷的冬天將生命之火撲得只剩下灰燼的時候，牠們都一直在工作著。只不過在冬天，這個至關重要的力量就暫時停止了，牠在等待春天喚醒昆蟲世界，再次閃耀出巨大活力。與此同時，在雪花白色的絨毯之下，在凍硬了的土壤之中，在樹皮的縫隙裡，在隱蔽的洞穴中，寄生昆蟲和捕食性昆蟲都找到了使牠們度過這個寒冷季節的方法。

螳螂的卵被安全地存放在一個，被牠們的媽媽黏在一個灌木枝條上的羊皮紙小盒子裡，這個螳螂媽媽在已經逝去的夏天裡度過了整個生命。

雌性馬蜂，將某個閣樓中被遺忘的角落作為棲身之所，在牠體內有大量的卵，將來整個蜂群的形成就依賴於這些卵。這個雌蜂，孤獨的倖存者，會在春天裡開始建造一個小小的紙巢，在每個巢孔中產卵，並小心地培育出一支小小的工蜂隊伍。在工蜂的幫助之下，她漸漸擴大蜂巢，發展蜂群。那些工蜂在整個夏季炎熱的日子裡都在不停地尋找食物，牠們就會消滅數不清的毛蟲。正由於昆蟲的生活習性中存在這樣的特點和我們所需要的天然特性，所有這些都成了我們的同盟軍，使得自然平衡向著對我們有利的一面傾斜。但是，我們卻將炮口指向了我們的朋友。一個可怕的危險是，我們已經粗心地低估了牠們牽制暗潮般的敵人的能力，沒有牠們的幫助，敵人就會猖獗起來危害我們。

隨著殺蟲劑數量的逐年增長，種類增多，破壞性增強，環境抵禦能力全面永久性地降低的現象日益明顯，變成了可怕的現實。隨著時間的流逝，我們可以預見到逐漸嚴重的昆蟲危害，這其中有傳播疾病的昆蟲，也有破壞莊稼的昆蟲，其種類之多已經超過了我們已知的範圍。「儘管如此，但這不過只是理論性的推測吧？」你也許會這麼問。「這當然不會發生——不管怎樣，也不會在我這輩子發生。」但它確實正發生著，就在此時此刻。科學期刊已經有記錄了，到一九五八年為止，大約有五十種和自然平衡嚴重錯亂有關的物種。每年還會發現新的案例。對這一問題的近期回顧參考了二百一十五篇相關論文，這些文章都是報告或討論由殺蟲劑引起的昆蟲種群平衡災害性的紊亂問題。

有時，噴灑化學藥物的後果是，使原本打算控制住的昆蟲出現驚人的增長。例如，在安大略，黑蠅在噴灑藥物之後，其數量比之前增加了十七倍。又或者，在英國，隨著噴灑一種有機磷化學農藥而出現了白菜蚜蟲數量的嚴重爆發——這是一次沒有相似記錄的大爆發。

另外幾次噴藥中，雖然我們有理由相信這些化學藥物對要控制的昆蟲是有效的，但是它們卻打開了一個盛滿災難的盒子，盒子裡裝滿了前所未有的大量昆蟲製造了這一麻煩。例如，當DDT及其他殺蟲劑將紅蜘蛛的敵人殺死之後，紅蜘蛛實際上變成了世界性的害蟲。紅蜘蛛不屬於昆蟲。它是一個有著幾乎看不到的八條腿的物種，與蜘蛛、蠍子和蝨子同屬一類。牠有著適合刺入和吮吸的口器和一個攝取葉綠素使世界變綠的驚人胃口。牠把那細小的、尖銳的口器刺入葉子和常綠針葉的外層細胞來吸取葉綠素。這種緩慢的侵染使得樹木和灌木林染上了像胡椒鹽顏色似的斑駁色點；在一大群紅蜘蛛的作用下，葉簇會轉黃並掉落。

這就是幾年前發生在美國一些西部國家森林裡的事，那是在一九五六年，當時美國森林服務處對約八十八萬五千英畝的森林噴灑了DDT。噴藥的目的是為了控制雲山卷葉蛾，然而在那年夏天，一個比雲山卷葉蛾更具危害性的問題出現了。從空中對森林進行考察，就可以看見巨大的枯萎面積，那正是雄偉的花旗松在逐漸變黃，它們的針葉也掉落了。在海倫娜國家森林和大貝爾特山的西坡上，以及在蒙大拿州和沿愛達荷州的其他地區中，那裡的森林看起來就像被燒焦了一樣。很明顯，一九五七年的這個夏天發生了史上最嚴重、最驚人的紅蜘蛛的侵染。幾乎所有噴藥的地區都受到了害蟲的影響。沒有其他地方再有明顯的受災。搜尋發生過的先例，守林員能想起紅蜘蛛造成過災難的情況，但都不及這次的引人關注。一九二九年的黃石公園麥迪森河流沿岸，二十年後的科羅拉多州，以及一九五六年的新墨西哥州，都出現過類似的麻煩。每一次害蟲的爆發都是緊跟著對森林噴灑殺蟲劑後發生的。（一九二九年的噴藥是在DDT時期之前發生的，當時使用的是砷酸鉛。）

為什麼紅蜘蛛在使用殺蟲劑後反而增長更迅速了呢？除了紅蜘蛛對殺蟲劑相對不敏感這一明顯的事實外，應該還有兩個其他原因。自然界中，紅蜘蛛的數量受到了多種捕食者的制約，例如，瓢蟲、一種五倍子蠅、食肉蟎類和幾種掠食性臭蟲，所有這些昆蟲對殺蟲劑都極為敏感。第三個原因必然與紅蜘蛛種群內部的數量壓力有關。一個不受干擾的紅蜘蛛群體是一個密集穩定的團體，牠們在躲避敵人的防護帶中擠成一團。噴藥之後，這個紅蜘蛛群體就解散了，這時紅蜘蛛雖然沒被化學藥物殺死卻受到了刺激，牠們便分散開來尋找不受干擾的棲身之所。牠們這樣做就能得到比之前群體更加充裕的空間和食物。紅蜘蛛的敵人死了，牠們就沒有必要把精力花費在祕密的防護帶上了。牠們集中精力繁殖後代。牠們的產卵量增加三倍也就很正常了，這一切都得益於殺蟲劑的效果。

維吉尼亞州的雪多倫亞河谷是著名的蘋果種植區，當DDT開始替代砷酸鉛時，一種叫作紅帶卷葉蛾的小型昆蟲成群發展起來，給種植者們帶來了災害。牠的危害過去從來沒有像這樣嚴重過；很快牠的「通行費」就增加到了需要付出五〇%的莊稼，而且當DDT使用量增加後，不僅在這個地區，還在美國中部和中西部大部分地區，牠都迅速變成了對蘋果樹最具破壞性的害蟲。這種情況充滿了諷刺意味。一九四〇年代後期，新斯科舍的蘋果莊園之中，受蘋果蠹蛾（引起「多蟲蘋果」）侵染最為嚴重的蘋果樹出現在那些定期噴藥的果園裡。而在未曾噴過藥的果園裡，蘋果蠹蛾並未多到足以造成真正的麻煩。

積極噴藥在蘇丹東部得到了相似的差強人意的回報，那裡的棉花種植者對DDT有一個痛苦的經驗。大約六萬英畝的棉花是在蓋斯三角洲的灌溉下生長的。早期DDT的試用得到了明顯的成效，於是噴藥就加強了。這就是以後麻煩的開始。對棉花最具破壞性的敵人之一就是棉鈴蟲。但是，對棉花噴的藥越多，就會有越多的棉鈴蟲出現。與噴過藥的棉田相比，未噴藥的棉田的棉桃和後來的成熟棉鈴所遭受的損害要小，而且在噴過兩次藥的棉田裡，棉籽的產量明顯下降了。儘管一些食葉昆蟲被消滅了，但是任何可能因此而得到的好處也被棉鈴蟲的危害完全抵消了。最後，棉花種植者不得不面對這個不愉快的事實，如果當初他們不給自己找麻煩，不花錢噴藥的話，他們棉田的棉花產量會比現在要多得多。

在比屬剛果和烏干達，大量使用ＤＤＴ來對付咖啡灌木叢上的害蟲的後果幾乎是「毀滅性的」。害蟲本身幾乎沒有受到ＤＤＴ的任何影響，但是牠的捕食者卻對ＤＤＴ十分敏感。

在美國，噴藥破壞了昆蟲世界的種群動態，農民反覆地用一種昆蟲敵人換取更加惡劣的昆蟲敵人。近期實施的兩個大規模噴藥計畫恰恰有這個作用。一個是美國南部的消滅火蟻計畫；另一個是為了消滅中西部的日本甲蟲。

一九五七年在路易斯安那州的農田裡大規模地使用七氯後，其後果就是釋放了甘蔗最凶惡的敵人之一——蔗螟。在使用七氯後不久，蔗螟的危害急劇增加。用於殺死火蟻的化學藥物卻殺死了蔗螟的敵人。甘蔗遭到了十分慘重的破壞，以至於農民都要設法控告路易斯安那州，因為該州沒有警告他們可能發生的後果。

伊利諾州的農民也得到了同樣的慘痛教訓。為控制日本甲殼蟲，伊利諾州的農田裡大量噴灑了地特靈的毀滅性噴液，而這之後，農民們發現在噴藥地區，玉米螟大規模地增長起來。事實上，在這片地區的農田裡生長的玉米含有的這種昆蟲破壞性的幼蟲數是其他地區的兩倍左右。那些農民或許還不清楚所發生事情的生物學原理，但是他們不需要科學家來告訴他們說他們買了一個高價貨。他們在試圖除掉一種昆蟲時，卻給自己帶來了更具破壞性的昆蟲。據農業部預計，日本甲蟲在美國造成的損失約為每年一千萬美元，而玉米螟造成的損失可達八千五百萬美元。值得注意的是，人們過去一直在很大程度上依靠自然力量來控制玉米螟。在一九一七年，這種昆蟲被意外地從歐洲引入美國，此後的兩年中，美國政府就進行了收集和進口這種害蟲的寄生蟲的嚴密計畫。從那時起，二十四種以玉米螟為宿主的寄生蟲以一筆可觀的代價由歐洲和東方引入美國。其中五種昆蟲被認為在控制玉米螟方面有明顯的價值。不用說，所有這些工作的成果現在受到了威脅，因為玉米螟的敵人已經被噴藥殺光了。

如果這聽起來很荒唐，那就想想加州柑橘園的情況吧。在一八八〇年代，世界上最著名、最成功的生物控制案例就是在那裡實施的。一八七二年，一種以橘樹樹汁為食的蚧殼蟲出現在加州，在隨後的二十五年裡，這種昆蟲發展成具有強大破壞性的蟲災，以至於果園裡的很多水果作物毫無收成。新興的柑橘業受到了這一破壞的威脅。很多農民放棄並拔出了他們的果樹。後來，從澳洲引進了一種以蚧殼蟲為宿主的寄生昆蟲，叫作澳洲瓢蟲。第一批瓢蟲引入後的兩年內，加州所有柑橘種植區內的蚧殼蟲已完全處於控制之中。從那時起，一個人在橘樹林中找幾天也不會找到一個蚧殼蟲了。

然而在一九四〇年代，柑橘種植者們開始試用表面光鮮的新型化學藥物對付其他昆蟲。隨著ＤＤＴ以及更具毒性的化學藥物的使用，加州很多地區的澳洲瓢蟲都被清除乾淨了。澳洲瓢蟲的引進花費了政府僅僅五千美元，牠們卻能為果農每年挽回幾百萬美元，但是一時的掉以輕心就使這筆收益化為烏有了。蚧殼蟲的侵擾迅速捲土重來，牠所造成的災害超過了五十年來的任何一次。「這可能標誌著一個時代的結束。」在里弗塞德柑橘試驗站工作的保爾・德巴赫博士這樣說道。如今，這種蚧殼蟲的控制工作已經變得極其複雜了。澳洲瓢蟲只有利用反覆投放和極其小心的噴藥計畫使其儘量減少和殺蟲劑的接觸，牠們才能存活下來。不管柑橘種植者們做什麼，他們多多少少都要顧及臨近田地的所有者們，因為殺蟲劑的飄散會帶來嚴重損害。

所有這些例子都和攻擊農作物的昆蟲有關。那些傳播疾病的昆蟲怎麼樣呢？在這方面早就有過警告。例如，在南太平洋的尼桑島上，在第二次世界大戰期間，噴藥一直密集地進行著，但是在戰爭結束時就停止了。一時間，成群傳播瘧疾的蚊子重新侵入該島。當時，所有捕食蚊子的昆蟲都被殺光了，新的種群還沒有時間發展起來。因此，蚊子大量爆發是顯而易見的。馬歇爾·賴爾德描述了這一情形，他把化學控制比作一輛腳踏車；一旦我們踏上，就會因為害怕後果而停不下來。

在世界上一些地方，疾病能以完全不同的方式和噴藥發生聯繫。出於某種原因，像蝸牛一樣的軟體動物看來幾乎不受殺蟲劑的影響。這一現象已多次被觀察到。在佛羅里達州東部，對鹽沼地噴藥而造成的生物大屠殺中，唯有水生蝸牛存活了下來。那種景象就像描述的那樣是一幅駭人的畫面——像是由超現實主義者的畫刷創造出來的東西。蝸牛在死魚的屍體和垂死的螃蟹中挪動，吞食著死於致命毒雨的遇難者。

但是，這為什麼重要呢？這一現象之所以重要是因為，許多水生蝸牛充當著危險的寄生蠕蟲的宿主，這些蠕蟲在牠們的生命周期中，一部分時間在軟體動物中度過，一部分時間在人體中度過。吸血蟲就是一個例子，牠們透過飲用水或當人們在感染的水裡洗澡時穿過皮膚進入人體。吸血蟲就是經由蝸牛宿主進入水體的。這種疾病在亞洲和非洲部分地區尤其盛行。吸血蟲出現的地方，有利於昆蟲大量增長的昆蟲控制方法很有可能會導致嚴重的後果。

當然，人類並不是由蝸牛傳播疾病的唯一受害者。牛、綿羊、山羊、鹿、麋鹿、兔子和各種其他的溫血動物中的肝病都可能是肝吸蟲引起的，這種肝吸蟲的部分生命周期是在淡水蝸牛體內度過的。受到這些蠕蟲感染的動物肝臟不再適合作為人類食物，而且照例要被沒收。這樣的廢棄食材使得美國牧牛人每年損失三百五十萬美元左右。任何會引起蝸牛數量增長的行為顯然會使得這一問題變得更加嚴重。

在過去的十年中，這些問題已經投下了一個長長的陰影，然而我們認識到這一問題卻十分緩慢。那些大多數最適合去發展自然控制並協助付諸實踐的人卻一直過分忙於在葡萄園裡實施更具刺激性的化學控制。據報導，一九六〇年美國只有二%的經濟昆蟲學家在從事生物學控制方面的工作。其餘九八%的主要人員都受聘去研究化學殺蟲劑。

為什麼會這樣呢？主要的化學公司正向大學裡投入大量金錢來支持殺蟲劑的研究。這就產生了吸引研究生的獎學金和具有吸引力的工作職位。另一方面，生物學控制研究從未被授予這樣的幫助——原因很簡單，他們不許諾任何人會像在化學工業中那樣發大財。這些工作就留給了州和聯邦機構的工作人員，這些地方的薪水要低很多。

這種情況也就解釋了一個不那麼神祕的事實，即某些傑出的昆蟲學家正主導提倡化學控制。對這些人中的某些人進行背景調查時發現，他們的整個研究項目都是由化學工業資助的。他們的專業威望，有時甚至他們的工作本身都依賴於化學方法而得以長存。那麼我們還能期望他們會咬那隻餵給他們食物的手嗎？但是在知道了存在的偏見之後，我們能給予他們認為殺蟲劑是無害的抗議多少信任呢？

在為化學藥物成為主要的昆蟲控制方法的普遍歡呼聲中，只有少量的報告是由那些少數的昆蟲學家發表的，他們沒有忽視他們既不是化學家也不是工程師，而是生物學家的事實。

英國的雅各聲稱：「眾多所謂的經濟昆蟲學家的活動可能會使人相信最後的拯救就存在於噴霧器的噴頭……他們相信，當他們製造出昆蟲再起、昆蟲抗藥性和哺乳類動物中毒的問題之後，化學家們就會研究出另一種藥物來治理。這種觀點在這裡並不成立……最終只有生物學家才能提供出害蟲控制的基本問題的解決方法。」

「經濟昆蟲學家必須意識到」，新斯科舍的皮克特寫道：「他們是在和活的東西打交道……他們的工作不應該是簡單的殺蟲劑測試或尋求具有高度破壞性的化學藥物。」皮克特博士就是致力於研究全面性昆蟲控制方法的先鋒，這種方法充分利用了捕食性和寄生性昆蟲。我們只有在這個由加州昆蟲學家發明的綜合控制計畫中，才能在這個國家找到一些有可比性的東西。

大約三十五年前，皮克特博士在新斯科舍的安納波利斯河谷的蘋果園裡開始了他的研究工作，那裡曾經是最密集的水果種植區域。在那時，人們相信殺蟲劑——當時是無機化學藥物——能夠解決昆蟲控制的問題，人們還相信唯一要做的是向水果種植者們介紹如何遵照推薦的方法使用。但是這個美好的憧憬沒能實現。不知為何，昆蟲仍在苟延殘喘。人們投入新的化學藥物，發明了新的噴藥設備，噴藥的熱情持續增長，但是昆蟲問題沒有任何好轉。後來DDT承諾說會「驅除」蘋果蠹蛾爆發的「噩夢」。但DDT的使用真正帶來的卻是一場史無前例的蟎蟲災害。「我們只是從一場危機進入另一場危機，用一個問題換來另一個問題。」皮克特博士說道。

然而在這一方面，皮克特博士和他的同事們闖出了一條新的道路，他們摒棄了其他昆蟲學家的老路，那些昆蟲學家還在追尋著越來越毒的化學藥物。意識到他們在自然界有一個強大的盟友，皮克特博士和他的同事們設計了一個規劃，那就是將最大限度地使用自然控制與最小限度地使用殺蟲劑相結合。即使是在不得不用殺蟲劑時，也只使用最小的劑量，使其剛剛足夠控制害蟲而不至於對益蟲造成不可避免的傷害。合適的灑藥時機也包括在內。如此一來，如果尼古丁硝酸鹽是在蘋果花變成粉色之前而不是在其變色之後噴灑，那麼一種重要的捕食性昆蟲就能倖存，這可能是因為在蘋果花變色之前它還處在蟲卵階段。

皮克特博士對化學藥物的挑選極為注意，使其對寄生性和捕食性的昆蟲產生的危害盡可能小。「當我們到了把DDT、對硫磷、氯丹以及其他新型殺蟲劑的使用當作日常控制措施時，就如過去我們使用無機化學藥物那樣，對生物控制方法感興趣的昆蟲學家也就承認失敗了。」他說。他沒有使用那些具有強毒性並且用途廣泛的殺蟲劑，相反，他主要依賴魚尼丁（來源於熱帶植物的地下莖葉）、尼古丁硫酸鹽和砷酸鉛。在某些情況下只使用相當低濃度的DDT和馬拉硫磷（每一百加侖中加入一到二盎司，而通常是每一百加侖中加入一磅或二磅）。儘管這兩種農藥是現代殺蟲劑中最不具毒性的，皮克特博士仍希望經由進一步的研究能用更加安全、更有選擇性的物質來替代它們。

這個規劃進展如何呢？新斯科舍的果園栽培者遵循皮克特的改良噴藥計畫後，他們生產出了大量的一等水果，和那些大量使用化學藥劑的種植者的產出一樣多。他們也得到了同樣多的好水果。另外，他們實際上花費更少。新斯科舍的蘋果種植者在殺蟲劑上的經費，只相當於大多數其他蘋果種植區經費的一〇%到二〇%。

比這些輝煌成果更加重要的事實是，經這些新斯科舍的昆蟲學家改良過的噴藥計畫不會破壞大自然的平衡。它正朝向由加拿大昆蟲學家烏里耶特十年前提出的哲學觀點順利發展，他曾說過：「我們必須放棄我們的哲學觀點，放棄認為人類有優越性的態度，並承認在很多情況下我們在自然環境中找到的控制生物種群的設想和方法，會比我們自己的方法更加經濟合理。」

— 第十六章 —

崩潰的隆隆聲

用諸如殺蟲劑這樣的手段作為武器來控制昆蟲，恰恰證明我們缺乏知識和能力

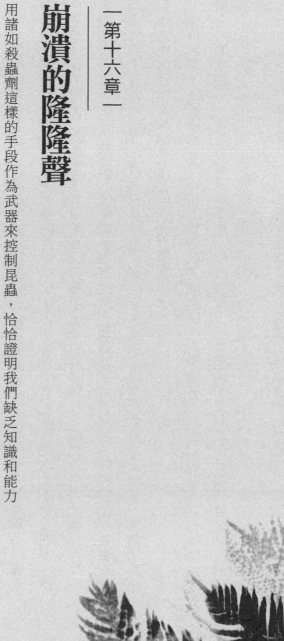

如果達爾文現在還在世的話，昆蟲世界在他適者生存的法則之下，表現出來令人震驚的多樣性，會讓他既欣喜又驚訝。在大密度的化學噴劑的重壓下，昆蟲數目較少的成員逐漸被淘汰。現在很多地區，很多物種中，只有足夠強大和適應性強的昆蟲，還在公然抵抗人類試圖對牠們的控制。

近半個世紀前，華盛頓州立大學的昆蟲學教授梅蘭德，提出了現在看來無須回答的問題——「昆蟲會對化學噴劑逐漸產生抵抗性嗎？」如果對梅蘭德來說問題的答案還不明確或來得太遲，那僅僅是因為他這個問題問得太早了——他是在一九一四年問的而不是在四十年以後。在前DDT時代，無機化學的用量在現在看來還是極其謹慎的，卻到處培育了多種可以在化學噴劑或粉劑下生存的昆蟲。梅蘭德也在對付聖約翰蟲時遇到了問題，這經過幾年噴灑石硫合劑才得到了有效的控制。後來在克拉克斯頓地區，這種昆蟲問題變得十分棘手，牠們比韋納奇和雅基馬山谷以及其他地方的昆蟲都更難殺死。

突然之間，這個國家其他地區的蚧殼蟲達成共識：在果樹栽培者勤勤勉勉大方自由噴灑的石硫合劑的噴霧中，牠們仍可以活下來。中西部數千英畝肥沃的果園大多數都被對化學噴劑免疫的昆蟲摧毀了。

在加州，一個歷史悠久的方法是，在樹上放上用氫氰酸熏過的帆布帳篷，但是這在部分地區效果不佳，正因這個問題，加州柑橘試驗站進行了一項研究調查，調查從一九一五年開始，一直進行了二十五年。雖然四十多年裡砷酸鉛一直能有效對付蘋果蠹蛾，但是自一九二〇年代起，牠們也變得有抗藥性了。

但是，直到DDT及其衍生生物的出現，才真正進入了抗藥性時代。在短短幾年時間內一個醜陋而又危險的問題就會暴露無遺，即使只有簡單的昆蟲知識或者動物種群動力學知識的人也不會對此大驚小怪。昆蟲對極具攻擊的化學藥物有抵抗能力，人們慢慢地認識到了這一事實。然而只有那些與攜帶病毒的昆蟲有聯繫的人，才察覺到了這一情況的嚴重性；絕大多數農業學家還天真地寄希望於新型的更具毒性的化學藥劑，即使眼前的困境也正因為這些似是而非的理由造成。

如果說人們對昆蟲抗藥性這一現象的理解比較緩慢的話，抗藥性的發展卻恰恰相反。在一九四五年以前，為人所知的只有十多種昆蟲是對前DDT時期的任何殺蟲劑具有抗藥性的。隨著新的有機化學藥品及其廣泛應用的新方法的出現，昆蟲抗藥性出現了迅猛增長，在一九六〇年，具有抗藥性的昆蟲達到驚人的一百三十七種。沒人相信增長會即將停止。就此論題，已有超過一千篇學術論文相繼發表。世界衛生組織在世界各地大約三百位科學家的幫助下，宣布道：「抗藥性是目前為止定向控制工程面臨的最重要的問題。」英國動物種群方面著名學者查爾斯．艾爾頓教授說過：「我們很可能聽到了最終會成為大雪崩的早期隆隆聲。」

有時，抗藥性發展得太過迅速，一個關於透過某種化學藥劑而成功控制一種昆蟲的報告墨跡未乾，另一個修正報告就要發表。舉個例子，在南非，藍蜱長期以來一直困擾著牧牛人，僅僅一個大牧場中，一年之中就有六百頭牛因此而死。這種昆蟲多年以來已經對砷化合滴液產生抗藥性。後來使用苯類的六氯化合物，在短時間內非常有效。於是在一九四九年年初發表的報告稱抗砷昆蟲可以被新化學藥劑完全控制；同一年後期，昆蟲抗藥性已經得到提升，這一慘澹報告不得不公之於眾。這一現象引起一名作家在一九五〇年《皮革交易回顧》中評論道：「如果昆蟲抗藥性的重要性為人所瞭解的話，那麼像這樣在科學界中悄悄流露出來並只在海外新聞中佔據著小板塊的新聞已經足夠和那些有關新原子能炸彈的頭條新聞相提並論了。」

儘管昆蟲抗藥性是農業學和林業學的議題，但是它卻在公共衛生鄰域引起了極其嚴重的不安。各種各樣的昆蟲和人類眾多疾病之間有著古老的聯繫。蚊子中的瘧蚊能夠向人類血液中注射瘧疾中的單細胞生物。其他一些蚊子會傳播黃熱病。還有一些蚊子會攜帶腦炎病毒。家蠅雖不叮人，卻會透過接觸而使食物沾染痢疾桿菌，並且在世界上的很多地方家蠅在眼病的傳播中起著至關重要的作用。疾病及其昆蟲攜帶者即帶菌者中包括傳播斑疹傷寒症的體虱、傳播瘟疫的鼠蚤、傳播非洲睡眠病的采采蠅以及傳播各種發熱病的扁虱，以及不可計數的其他種類。

這些是我們一定會遇到的重要問題。任何負責任的人都不會主張忽視蟲媒疾病。現在出現的緊急問題是，用急速惡化這些問題的方法來解決牠們是否明智，是否負責任。現在世界上透過控制感染的昆蟲媒介，而抵抗疾病的成功案例比比皆是，但卻極少聽過這些案例的另一面——種種失敗和短暫的勝利，這恰恰有力地證明了這個驚人的觀點，昆蟲敵人已經在我們除蟲的努力下變得更加強大了。更糟糕的是，我們可能已經摧毀了我們自己的抵抗方法。

加拿大的傑出昆蟲學家，布朗教授，受聘於世界衛生組織進行關於抗藥性問題的全面調查。在一九八五年出版的最終專題論文中，布朗教授這樣寫道：「在向公共健康工程中引入強效型人造殺蟲劑還不到十年，主要的技術問題就已經成為昆蟲對這些曾用來控制牠們的殺蟲劑的抗藥性的發展。」在他發表的專題論文中，世界衛生組織警告道：「現在人們對由節肢動物引起的如瘧疾、斑疹傷寒、鼠疫和瘟疫這樣的疾病進行的有力進攻正在面臨著嚴重的倒退，除非這一新問題能被迅速解決。」

這個倒退的程度如何呢？具有抗藥性的昆蟲的種類現在已經包括了具有醫學重要性的所有昆蟲。黑蠅、沙蠅、采采蠅很明顯還沒對化學物質產生抗藥性。另一方面，家蠅和體虱的抗藥性已經發展至全球範圍。蚊子的抗藥性已經威脅到了瘧疾控制計畫的進行。東方鼠蚤是鼠疫的主要傳播者，最近已經表現出對DDT產生抗藥性，這是最嚴重的發展。不同國家對很多種昆蟲抗藥性有了報導，這些國家代表著每個大陸和大多數島嶼。

在醫學上使用現代殺蟲劑可以說最早是出現在一九四三年的義大利，當時盟軍政府在一大批人身上噴灑DDT，成功消滅了斑疹傷寒。接著，兩年以後，為了控制瘧疾蚊子進行了大量的殘留噴灑。僅僅一年之後，第一個麻煩的徵兆出現了。家蠅和庫蚊都對噴劑表現出了抗藥性。一九四八年，一種新的化學藥物——氯丹，作為DDT的增補劑被使用。這一次，良好的控制持續了兩年，但在一九五〇年八月，抗氯丹的蒼蠅出現了，到那年年底，所有的家蠅和庫蚊都對氯丹產生了抗藥性。新的化學藥劑一旦使用，抗藥性就立刻隨之發展起來。在一九五一年年底，DDT、甲氧DDT，氯丹、七氯和六氯化苯都已經加入失效的化學藥劑名單中。與此同時，蒼蠅卻「多得出奇」。

一九四〇年代後期，同樣的連環事件在薩丁島上重演。丹麥在一九四四年首次試用含DDT成分的產品；到一九四七年，很多地方對蒼蠅的控制都以失敗告終。在埃及的一些地區，早在一九四八年蒼蠅已經對DDT產生抗藥性了；BHC作為替代藥劑，有效期也沒有超過一年。埃及一個村莊極其突出地反映出了這一問題。在一九五〇年殺蟲劑對蒼蠅有很好的控制，而在同一年中，幼蟲死亡率就減少了近五〇%。次年，蒼蠅對DDT和氯丹已經有了抗藥性。蒼蠅數量又恢復至原有水準，幼蟲死亡率也恢復了。

在美國，田納西流域的蒼蠅在一九四八年時對DDT已經有了抗藥性。其他地區也跟著出現相同情況。利用地特靈恢復控制的努力沒有成功，因為在一些地區蒼蠅在短短兩個月時間內就對化學藥劑有了抗藥性。在使用了所有可用的氯化氫類藥劑之後，控制機構轉向了有機磷類，但這一次，抗藥性的故事又重新上演。專家們目前的結論是：「家蠅控制問題已經躲過了殺蟲劑技術，必須重新依靠一般衛生措施。」

那不勒斯對體虱的控制是ＤＤＴ最早、最出名的成效之一。在隨後的幾年裡，與之媲美的是，在一九四五年到一九四六年冬天ＤＤＴ成功控制了危害日本和朝鮮大約二百萬人的蝨子。一九四八年西班牙對斑疹傷寒流行病控制的失敗預示著將來可能會遇到的問題。儘管這次實踐失敗，但是鼓舞人心的室內試驗結果讓昆蟲學家們相信蝨子不太可能發展出抗藥性。一九五〇年到一九五一年冬天，發生在朝鮮的事卻讓人十分震驚。在一批朝鮮士兵身上試用ＤＤＴ粉劑之後，得到的結果讓人難以置信，蝨子的侵染性反而增強了。將蝨子收集並檢測後發現，五％的ＤＤＴ粉劑無法使蝨子的自然死亡率提高。從東京的遊民、伊塔巴舍收容所、敘利亞、約旦和埃及東部難民營收集的蝨子也得到了同樣的結果，證實了ＤＤＴ在控制蝨子和斑疹傷寒的無效性。到一九五七年有抗藥性蝨子的國家名單已經擴展到包括伊朗、土耳其、衣索比亞、西非、南非、祕魯、智利、法國、南斯拉夫、阿富汗、烏干達和坦噶尼喀，最初在義大利的勝利光芒真的已經暗淡下來了。

第一種對ＤＤＴ產生抗藥性的瘧蚊是希臘的薩氏瘧蚊。始於一九四六年的大量噴灑藥劑的方法取得了最初的成功；然而到一九四九年，觀察者們發現大量成年蚊子聚集在道路橋梁下停歇，但是牠們不在噴灑過農藥的房屋和馬廄裡。蚊子在室外停留的習慣很快拓展到了洞穴、外屋、陰溝以及橘子樹的葉叢和樹幹上。顯而易見，成年蚊子已經對ＤＤＴ有足夠的耐藥性，使得牠們能從噴灑過農藥的建築逃出來並在露天休息和康復。幾個月後，牠們就已經能待在屋裡了，人們還發現牠們在噴灑過農藥的牆壁上停歇。

這是一個已經發展起來的極其嚴重情況的預兆。瘧蚊的抗藥性以驚人的速度發展，這一發展正是由旨在消滅瘧疾的房屋噴灑計畫的徹底性引起的。一九五六年，僅有五種蚊子表現出了抗藥性；到一九六〇年年初，有抗藥性的蚊子種類已經從五種增長到了二十八種！其中包括在西非、中東、中美洲、印尼和中歐地區非常危險的瘧疾傳播者。

在傳播疾病的其他蚊子中，這一模式在不斷循環。一種攜帶如象皮病等多種疾病寄生蟲的熱帶蚊子現已在世界上的很多地方變得有強抗藥性。在美國一些地區，傳播西方馬腦炎的蚊子已經具有抗藥性。一個更嚴重的問題與黃熱病的傳播者有關，幾個世紀以來，黃熱病都是世界性的大災難。這種蚊子抗藥性的發展已經出現在東南亞，而如今在加勒比地區這已經是普遍現象。

來自世界許多地方的報告顯示了昆蟲抗藥性對瘧疾和其他疾病產生的影響。一九五四年在特立尼達暴發的黃熱病就是緊隨著因蚊子產生抗藥性而治蚊失敗所發生的。在印尼和伊朗，瘧疾又死灰復燃。在希臘、奈及利亞和利比亞，蚊子得以生存下來，並繼續傳播瘧原蟲。

在喬治亞，透過控制蒼蠅而取得的腹瀉發病率減少的成果在一年內就不復存在了。而在埃及，同樣是透過暫時控制蒼蠅所獲得的急性結膜炎病情減少的成果，也沒有堅持到一九五〇年以後。

佛羅里達州的鹽沼蚊子也表現出了抗藥性，這一問題對人類健康來說並不嚴重，但從經濟價值上衡量的話卻十分傷腦筋。雖然這些蚊子中沒有病毒攜帶者，但是牠們蜂擁而出吸食人血，使得佛羅里達海岸沿線大片區域成了無人居住區，直至控制——一個不容易但是暫時性的控制手段實施之後，這一情況才有所改變。但是很快就失效了。

各處的普通家蚊都在產生著抗藥性。鑑於此，許多正在定期大規模噴灑農藥的社區應該叫停。在義大利、以色列、日本、法國以及包括加州、俄亥俄、紐澤西和麻薩諸塞州在內的美國部分地區，這種蚊子已經對多種殺蟲劑產生抗藥性，其中DDT幾乎是被最普遍使用的。

扁虱是又一個問題。木扁虱是腦髓炎的傳播者，現在已經具有抗藥性；棕色狗蜱對化學藥劑的抵抗能力已經完全廣泛地建立起來了。這不僅對人，也對狗造成了困擾。棕色狗蜱是亞熱帶生物，當牠出現在像紐澤西這樣的北方時，牠就必須在比室外暖和得多的建築物裡過冬。美國自然歷史博物館的約翰·帕里斯特在一九五九年夏天報告，他的部門接到很多來自與西部中央公園相鄰住家的電話。帕里斯特先生說：「整個公寓樓經常會傳染上扁虱幼蟲，並且很難除掉它們。一隻狗在中央公園裡不小心染上扁虱，然後這些扁虱就會產卵並在公寓裡孵化。牠們好像對DDT、氯丹和我們大多數現代藥劑都有免疫性。以前在紐約市出現扁虱是很不尋常的事，可是現在牠們到處都是，布滿了長島和韋斯賈斯特，還蔓延到了康乃狄克。在過去的五六年中，我們特別注意到了這一情況。」

遍布北美許多地區的德國蟑螂已經對氯丹有抗藥性了，氯丹曾經一度是滅蟲者們最得心應手的武器，但他們現在不得不改用有機磷了。然而，最近昆蟲對這些殺蟲劑抗藥性的逐步發展給滅蟲者提出了一個新的問題：下一步該怎麼辦？

隨著昆蟲抗藥性不斷提高，與蟲媒疾病相關的機構如今不得不透過用一種殺蟲劑替代另一種殺蟲劑的方法來解決問題。但是這種方法不能無限期地進行下去，除非化學家們在提供新藥品上具有獨創性。布朗教授曾經指出，我們正行駛在「一條單行道」上。沒有人知道這個單行道有多長。如果在成功控制攜病昆蟲之前，我們已經走到路的盡頭，那麼我們的處境就很危險了。對於侵襲農作物的昆蟲來說，情況是一樣的。

有十幾種農業昆蟲對早期無機化學劑有抗藥性，現在這份名單上又增加了一大群其他具有抗藥性的昆蟲，這些昆蟲對ＤＤＴ、ＢＨＣ、林丹、毒殺芬、地特靈、阿特靈甚至包括人們曾經寄予厚望的磷都具有抗藥性。在破壞莊稼的昆蟲中，具有抗藥性的昆蟲已經於一九六〇年達到了六十五種。農業昆蟲對ＤＤＴ產生抗藥性的第一批案例出現在一九五一年的美國，那時距ＤＤＴ首次使用大約有六年的時間。最令人頭疼的情況大概就是和蘋果蠹蛾相關的，這種昆蟲實際上已經在全世界所有蘋果種植區對ＤＤＴ產生了抗藥性。捲心菜昆蟲的抗藥性正製造著又一個嚴重的問題。在美國很多地區，馬鈴薯昆蟲正在逃脫化學藥物的控制。六種棉花昆蟲、各式各樣的薊馬、水果蛾、葉蟬、毛毛蟲、蟎蟲、蚜蟲、鐵線蟲等多種昆蟲現在對農民噴灑的化學藥劑的襲擊已經視若無睹了。

化學工業行業現在不願面對抗藥性這一不愉快的事實，這也許可以理解。甚至在一九五九年，已經有超過一百種主要昆蟲對化學藥物有抗藥性，農業化學方面的一家主流雜誌在論及昆蟲時卻還在說「是真的還是想像出來的」。然而，當化學工業行業滿懷希望地迴避這個問題時，問題並不會就這樣消失，它甚至還帶來了一些不愉快的經濟現實問題。其中之一就是，利用化學藥物進行昆蟲控制的成本正在穩步增長。如今已經不可能靠事先儲備好的化學藥物來應對昆蟲了，因為今天看來十分有前景的殺蟲化學藥物有可能明天就會變成慘澹的失敗。用於支持和推廣殺蟲劑的這筆可觀的經濟投資有可能會被取消，鑑於昆蟲再次證明了對自然有效的手段從來都不是暴力這一道理。無論迅速發展的科技會為殺蟲劑研製出什麼樣的新用途和使用方法，人們會發現昆蟲總是比人類先行一步。

達爾文可能也找不出比抗藥性機制發展更好的例子來證明自然選擇的原理了。始於同一原始種族的昆蟲在身體結構、行為習慣以及生理機能上千差萬別，只有「強悍的」昆蟲才能從化學藥物的攻擊中生存下來。化學噴灑殺死了弱者，而倖存者們都具有某些天生的抗藥性，使牠們免於藥物傷害。牠們繁殖出的新一代透過簡單的遺傳作用，就擁有了祖先們先天的「強悍性」。於是大量噴灑的強效化學藥劑使得原本要解決的問題更加糟糕，這一情況不可避免地就出現了。幾代繁殖之後，原本由強者和弱者共同組合而成的混合種族就被一個由都具有強悍性和抗藥性的昆蟲混合而成的種族所替代。昆蟲抵抗化學藥物的方法多種多樣，現在還不為人們完全瞭解。有人認為能夠抵抗化學控制的昆蟲是得益於身體構造的優勢，但是看來這種說法還沒有確鑿的證據。然而，從布里吉博士的觀察結果中，一些昆蟲的免疫性清楚地顯現出來，他報告稱，在丹麥的普斯林佛比泉害蟲防治研究所觀察到蒼蠅「在DDT的包圍中嬉戲，就像原始的巫師在燒紅的炭上歡跳一樣自在」。

世界上其他地方傳來類似的報告。在馬來半島的吉隆玻，蚊子最初透過離開噴藥區來躲避DDT的侵害。然而隨著抗藥性的發展，人們發現蚊子在DDT堆存處的表面停歇，用一個手電筒就可以清楚地看到。在南部的一個軍營裡，具有抗藥性臭蟲的樣本身上就有噴灑的DDT粉末。進行實驗時，這些臭蟲被放進一塊浸漬了DDT的布裡，牠們存活了一個月之久；牠們繼而產了卵，而且孵出的幼蟲還長大、長肥了。

儘管如此，昆蟲抗藥性卻並不一定依賴於特殊的身體構造。對DDT有抗藥性的蒼蠅具有一種酶，可以使DDT轉化為毒性較小的化學物質DDE。這種酶只產生於有抗DDT藥性的遺傳因素的蒼蠅身上。這種因素當然是具有遺傳性的。蒼蠅和其他昆蟲如何對有機磷類化學藥物起到解毒作用這一問題，現在還不是很清楚。

昆蟲的活動習性也會使其免於和化學藥物的接觸。許多工作人員注意到，比起噴灑過藥物的牆壁，具有抗藥性的蒼蠅更傾向於停歇在沒有噴過藥的地面上。有抗藥性的蒼蠅可能有在表面飛行的習慣，總是停落於一個地點，這極大地減少了和殘留毒物的接觸頻率。一些瘧蚊的習慣大大減少了它們在DDT下的暴露，這樣實際上可以免於中毒。為化學噴劑所刺激，牠們遠離棚屋，生活在室外。通常情況下，昆蟲抗藥性需要兩到三年發展起來，雖然有時只需要一個季度或者更短的時間。在另一種極端情況下，也可能需要六年之久。一種昆蟲在一年之內繁殖的代數是很重要的，這根據昆蟲種類和氣候的不同而有所變化。例如，加拿大的蒼蠅比美國南部蒼蠅的抗藥性發展得緩慢一些，因為美國南部有漫長炎熱的夏天，有利於昆蟲高速繁殖。

有時，一個充滿希望的問題會被提出來：「如果昆蟲都能對化學藥物變得有抵抗力，那麼人類有可能變得有抗藥性嗎？」理論上說，人類是可以的；但是這會花費上百年甚至上千年的時間，所以對那些活著的人來說這根本給不了什麼慰藉。抗藥性不是在個體中發展起來的。如果一個人在出生時就具備比其他人更不容易中毒的特性，那麼存活下來並且繁育後代的可能性就更大。因此，抗藥性是在一個群體中經過幾代或者許多代的時間才能產生的特性。人類的繁殖速度大約為每世紀三代，但是昆蟲產生新一代只需要幾天或幾周。

「承受少量的損失，應優先於在一段時間內避免任何損失但在長遠來看失去對抗方法，這在一些案例中是更加明智的選擇。」這是布里吉博士在荷蘭任植物保護服務處主任時給出的忠告，「實用的忠告應該是『盡可能少噴藥』而不是『儘量多噴藥』……施加給對害蟲種群的控制的壓力應該盡可能地減小。」

不幸的是，這種看法並沒有在美國相關的農業服務處盛行起來。農業部一九五二年的整本《年鑑》專門論述了昆蟲問題，承認了昆蟲具有抗藥性這一事實，但是又說道：「所以為了控制昆蟲，我們需要更頻繁、更大量地使用殺蟲劑。」農業部沒有說，當只剩下那些不僅會消滅地球上所有昆蟲，甚至會消滅地球上所有的生命的劇毒化學藥物還未被試用時，將會發生什麼。但是，一九五九年，僅僅是給出忠告的七年之後，康乃狄克州一位昆蟲學家的話被《農業與食品化學雜誌》引用，大意是最新的化學藥物只對一兩種害蟲做試驗就上市使用了。

布里吉博士說：

我們正行駛在一條危險的道路上，這是再清楚不過的了。我們將不得不在其他控制措施方面做大量研究，這些控制措施必須是和生物學相關的，而不是化學。我們的目標應該是引導自然變化過程，使其儘量往我們想要的方向上發展，而不是使用暴力……

我們需要的是更高尚的方向定位和更深層次的洞悉力，這正是我在很多研究者身上所未看到的。生命是一個超越我們理解能力的奇蹟，即使有時我們不得不與之抗爭，我們仍需尊重它……用諸如殺蟲劑這樣的手段作為武器來控制昆蟲，恰恰證明我們缺乏知識和能力，不能引導自然變化過程，而使用暴力也無濟於事。在科學上，我們需要的是謙虛，沒有任何理由可以驕傲自負。

—第十七章—

另一條道路

除了用化學方法控制昆蟲以外，還有其他各種各樣奇妙的方法

我們現在到達了一個分岔路口。但是這與羅伯特•弗羅斯特廣為人知的詩中提及的路卻不盡相同。我們長期以來跋涉的路表面看起來容易，彷彿我們在平坦的高速路上馳騁，但路的盡頭卻盡是災難。另一條分岔路——少有人走的那條——給我們提供了最後也是唯一的希望，讓地球最終得以保存。畢竟，這要我們自己做出選擇。如果在歷經眾多磨難之後，我們最終維護了知情權，又如果我們知道要冒著無謂而可怕的風險，那麼我們便不應該接受現在人們的建議而導致有毒化學物充斥整個世界；應該四處看看，留心還有哪些路。

除了用化學方法控制昆蟲以外，還有其他各種各樣奇妙的方法。有一些已經在使用中並成效顯著。其他的還在實驗驗證階段。另外還有一些在想像力豐富的科學家腦海中醞釀著，等待機會加以測試。所有的都有一個共通點：他們利用生物特性來解決問題，基於對生命體的理解而進行控制，並瞭解這些生命體的生活狀況。廣闊的生物學中不同領域的專家們——昆蟲學家、病理學家、遺傳學家、生理學家、生物化學家和生態學家——都在做出貢獻，全力運用自身知識和創意靈感打造生物控制的新學科。

約翰霍普金斯大學生物學家卡爾•斯旺森教授說：「任何一門科學都如河流。」它的開端隱約而不引人注目。它時而平緩，時而湍急；汛期與枯竭期並存；在許多研究者的共同努力下，各種思想如支流一般匯聚其中，流勢漸強。陸續產生的概念和結論又使它朝縱深發展。

現代的生物控制學便是如此。在美國，它於一個世紀以前隱約萌芽，本意是引入給農民帶來麻煩的昆蟲之天敵，然而前期進展相當緩慢甚至毫無起色，但如今在已有的突出成績推動之下，成效越發顯著，速度亦越發加快。這門學科亦遭遇過枯竭期。在十九世紀四〇年代左右，應用昆蟲學的從業者目睹新殺蟲劑的顯著效果，放棄所有生物控制方法而重新踏上化學控制之路。但是，與實現「無昆蟲世界」這一目標卻漸行漸遠。如今，人們終於發現，恣意地使用化學物對人類的威脅甚於對實現這一目標的威脅，生物控制科學的河流因而又開始流淌，並不斷汲取新的思想之流。在這些新方法中最引人注目的，就是利用一種昆蟲自身的力量來控制牠——利用昆蟲的生命力作為動力來毀滅牠。這些方法中，最了不起的就是由美國農業部昆蟲研究所主任愛德華・尼普林博士和他的同事們發明的「雄性不育」術。

大約在二十五年前，尼普林教授提出的昆蟲控制的獨特方法曾一度讓其同事震驚。他在理論中描述道，如果有可能將昆蟲絕育並大量釋放，絕育的雄性昆蟲在某些特定情境下會與正常的雄性昆蟲競爭求偶而獲得成功，在一次又一次的釋放之下，將會逐漸產生未受精卵從而導致該昆蟲種族的消亡。

該建議受到官僚制度的阻撓以及科學家們的質疑，但是它依然在尼普林教授的腦海中生根發芽。在進入測試前，一個要解決的主要問題是——找到一個使昆蟲絕育的實用方法。在一九一六年，一位名為朗納的昆蟲學者報告說，X光的照射會使菸草昆蟲不育。從那時開始，人們便從理論上得知X光的照射會使昆蟲絕育。赫爾曼馬勒關於X射線能引發變異的創始性工作為十九世紀二〇年代新思想的產生開闢了廣闊的道路，而在該世紀中葉，許多專業工作者在報告中稱，X射線和伽馬射線的輻射造成十多種昆蟲絕育。

但這些均屬於實驗室中的實驗，離付諸實踐還有一定的距離。大約在一九五〇年，尼普林教授開始全身心投入工作中，致力於將昆蟲絕育作為武器剷除南方牲畜主要的昆蟲天敵螺旋錐蠅。這種雌蠅將卵產在溫血動物的傷口上。孵化過程中的幼蟲屬寄生性質，靠寄主的肉生存。要是一頭成年公牛染上此類病，嚴重的話，不出十天就會死亡，據估計，每年美國的牲畜因此遭到的損失達到四千萬美元。野生動物的死亡數更難統計，但是必然為數眾多。德州某些地區鹿的數量少就是螺旋錐蠅造成的。這是一種熱帶或亞熱帶的昆蟲，居住在美洲中部南部以及墨西哥，而在美國，僅居住於西南一帶。然而，大約在一九三三年，這種昆蟲偶然被傳到了佛羅里達州，那裡的氣候讓牠們得以度過冬季並且繁殖。牠們甚至闖入了南阿拉巴馬州和喬治亞州，很快，所有東南方州的牲畜業都面臨每年將近二千萬美元的損失。

多年來，德州農業部的科學家積累了大量關於螺旋錐蠅生活習性的資料。在一九五四年以前，尼普林博士在佛羅里達島嶼進行了一系列初步實地測試，使其準備好了對自己的理論進行全方位的測試。為此，尼普林博士與荷蘭政府接洽後，動身前往加勒比海上的庫拉索島，那裡與大陸之間被海面隔離至少五十英里。

該專案於一九五四年八月開始啟動，首先將在佛羅里達州農業部實驗室裡的螺旋錐蠅進行人工培養和不育處理，後運到庫拉索島，然後再每周透過飛機，以每平方英里四百隻蠅的密度釋放出來。用於實驗的山羊身上產的卵塊幾乎立刻減少，而卵塊的受精率亦下降。釋放後僅過了七周，螺旋錐蠅所產的卵均為未受精卵。不久，就再也看不到任何一個卵塊了。從此，庫拉索島上的螺旋錐蠅被徹底消滅了。

庫拉索島上的試驗取得了巨大成功，引起了佛羅里達州牲畜飼養者的興趣，他們也想以同樣的辦法除去螺旋錐蠅的禍害。儘管相對而言，這個難度更大，因為其目標面積是加勒比小島的三百倍，但一九五七年美國農業部和佛羅里達州卻願意共同為消除螺旋錐蠅提供贊助。該項目涉及了在特殊搭建的「蠅工廠」內每周生產的大約五千萬的螺旋錐蠅以及二十架預設飛行模式的輕型飛機。這些飛機每天需飛行五到六小時，每架飛機上攜帶一千個紙箱，每個紙箱內裝有二百到四百隻受過輻射處理的螺旋錐蠅。

一九五七年到一九五八年那個寒冷的冬季，當佛羅里達州陷於冰天雪地之中時，正好為科學家提供了一個開啟項目的絕佳機遇，因為此時螺旋錐蠅幼蟲的數量正在下降，而且困在了一個比較小的活動範圍內。歷時十七個月後，項目宣告結束，此時已在佛羅里達洲、喬治亞州及阿拉巴馬州的某些區域釋放了三十五億個人工餵養已絕育的螺旋錐蠅。最後一個有記載的由螺旋錐蠅引起動物傷口感染發生於一九五九年二月。隨後幾周又抓到幾隻成年蠅蟲，但之後就再沒有發現螺旋錐蠅了。東南部所有的螺旋錐蠅都已經被消滅了——這成功地展現了科學創造力的價值，也證明徹底的基礎研究、堅持不懈的努力和頑強的意志所產生的巨大力量。

如今，密西西比州建起了檢疫壁壘，以絕對確保螺旋錐蠅無法再次從西南方竄入。基於涉及面積之廣以及螺旋錐蠅從墨西哥方向再次入侵的可能性，對螺旋錐蠅進行根除是一項艱巨的任務。並且，此舉風險較高，農業部的想法像似是要將螺旋錐蠅的數目控制在最低水準，並打算近期對德州以及西南方疫情病區啟動這一項目。消滅螺旋錐蠅的項目獲得巨大成功引起了科學家們將這種科學原理運用於消滅其他昆蟲的興趣。當然，並非所有昆蟲都適用這一方法，大部分取決於昆蟲的生存歷史、分布密度以及對輻射的反應。

英國人已經進行實驗，希望能將這一方法運用在消滅羅得西亞的舌蠅上。這種蠅的肆虐範圍大約占了三分之一個非洲，對人類健康造成威脅，同時影響了大概四百五十萬平方英里樹木繁茂的草原上牲畜的生存。這些舌蠅的生活習性與螺旋錐蠅截然不同，儘管也可以用輻射使其絕育，但是在啟用這種方法之前依然有許多技術難題亟待解決。

英國已經對多種昆蟲進行了輻射敏感性測試。美國科學家透過夏威夷的實驗室裡以及在偏遠的羅塔島的實地測試，發現這種方法用於消除瓜實蠅和東方及地中海的果蠅有著不錯的效果。他們同樣對玉米螟和甘蔗螟進行了測試。並且，醫學昆蟲也有極大可能透過絕育來進行控制。一位智利科學家指出，儘管智利採用滅蚊劑對攜帶瘧疾病毒的蚊子進行了處理，這種蚊子依然肆虐；也許釋放絕育的雄性蚊子是滅蚊的最後一招。

透過輻射對昆蟲絕育有著比較明顯的困難，這導致人們尋找一種更為簡單的方式來達成這一目的。如今，在化學絕育劑上掀起一股強烈的興趣潮。

位於佛羅里達州的奧蘭多農業實驗室的科學家們在實驗室研究甚至在一些實地試驗中對家蠅進行絕育，將化學物質融入合適的食物當中。一九六一年佛羅里達群島的某座島嶼上進行了一場測試，僅用了五周的時間就幾乎將一種蠅類滅絕。當然這種蠅又從附近島嶼飛了過來。但是作為一個試驗項目，這個測試是成功的。那麼實驗室對這種方法的前景難掩興奮便不難理解。首先大家都知道，這種家蠅不受滅蠅劑的控制。無疑需要一種全新的控制方式。輻射絕育法的一個問題在於，這種方法不僅需要人工養殖，所需釋放的絕育雄蠅的數量還需遠超過外間的家蠅數量。這個在螺旋錐蠅身上可以實現，因為其數量並不太大。可是家蠅卻不同，釋放的數目幾乎要是螺旋錐蠅的兩倍，這是難以實現的，儘管數量的增加只需要很短時間。另外，一種化學絕育劑可以與誘餌物質相結合，引入家蠅的自然生存環境中；食用這種食物的昆蟲會絕育，然後隨著時間的推移，絕育家蠅將佔據大多數，而昆蟲會慢慢地將自己毀滅。

測試有絕育效果的化學物比測試化學毒藥要難。評估這種化學物需要三十天的時間——當然，儘管有些測試可以同時進行。然而在一九五八年四月至一九六一年十二月，奧蘭多實驗室對幾百種化學物的可能絕育效果進行篩查。讓人高興的是，農業部發現了這些化學物當中，有一些表現出了可行性。

現在農業部的其他實驗室接著研究這一問題，在廄螫蠅、蚊子、棉子象鼻蟲以及各式各樣的果蠅上對化學物進行測試。當時這些都處於測試階段，但是幾年後開啟了化學絕育專案後，這些實驗都成效顯著。理論上，這一專案有著許多誘人的特徵。尼普林博士指出，高效的化學昆蟲絕育劑「能輕而易舉地超越一些最好的滅蟲劑」。想像這樣一個場景，上百萬的昆蟲每一代都在以五倍的速度增長。滅蟲劑可以殺死九〇％的昆蟲，但是第三代以後的昆蟲卻有十二萬五千隻可以存活。而相反，用化學劑能夠使九〇％的昆蟲絕育，剩下能存活的昆蟲僅有一百二十五隻。可是另一方面是涉及了一些極度強大有力的化學劑。幸運的是，至少在這個專案的早期，接觸化學絕育劑的工作者們留心尋找安全的化學劑以及安全的使用方式。然而，到處都有建議稱，可以將這種化學劑做成空中噴霧——比如，在舞毒蛾幼蟲食用的植物上鍍上一層此類化學劑。要進行這種程序，必須要對可能的危險進行全面推進研究，否則都是不負責任的做法。如果我們沒有時刻記住化學絕育劑的潛在危險，那麼很容易就陷入更大的困境中，甚於現在殺蟲劑帶來的威脅。

目前接受測試的絕育劑主要是兩種類型，這兩種的生效方式都十分有趣。第一種與生命過程或者說與細胞的新陳代謝是密切相關的；也就是說，它們與細胞或組織所需的一種物質十分相似，導致生物體錯把它們當成真的代謝物而嘗試將它們納入正常的構建過程。但是這種匹配是錯誤的，因此導致過程的停滯。這些化學物被稱作抗代謝物。

第二組所包含的化學物作用於染色體，也許影響基因化學物並導致染色體分裂。這組的化學絕育劑是烷化劑，一種極端活躍的化學物，可以摧毀大量細胞，損害染色體，並產生變異。這是位於倫敦的賈斯特·比蒂研究所的皮特·亞歷山大博士的看法，他認為，任何能有效使昆蟲絕育的烷化劑同樣是強而有力的誘變劑和致癌物質。亞歷山大博士認為，無論如何使用這種化學劑對昆蟲進行控制，都會遭到嚴重的反對。因此，希望當前的實驗並非得出如何使用這些特定化學劑的方式，而是發現其他一些有效針對目標昆蟲的並且更安全的化學劑。

一些最有趣的近期工作是關於其他一些方式，這些方式研究從昆蟲自身生活過程中製造對付它們的武器。昆蟲產生許多毒液、引誘劑和驅蟲劑。這些分泌物的化學本質是什麼呢？我們能否將它們當作選擇性殺蟲劑來加以利用？康乃爾大學以及其他地方的科學家們正嘗試尋找這些問題的答案，研究許多昆蟲保護自己不受捕食者侵害的防禦機制，找到昆蟲分泌物的化學結構。其他的科學家正研究所謂的「保幼激素」，這種物質能強效防止幼蟲蛻變，直到合適的生長階段。

也許對昆蟲分泌物的探索帶來的最及時有效的結果就是誘餌或者引誘劑的發展。在這裡，自然又一次為我們指引了方向。舞毒蛾是一個特別有趣的例子。雌蛾太重了飛不了，居住在地面或近地面，在低植被處振翅或在樹樁上爬行。而雄蛾則正好相反，是個飛翔能手，而且就算距離很遠，它們也會被雌蛾特殊腺體散發出來的氣味所吸引。昆蟲學家多年來一直利用這一事實，費力地從雌蛾的身體提取這種性誘劑。當時，在昆蟲分布範圍的邊緣地帶對昆蟲數量進行統計時，使用了這種性誘劑來捕捉雄蛾。但這個過程十分昂貴。儘管東北諸州對舞毒蛾的感染病例進行過大肆宣傳，但是依然沒有足夠的數量提供資料，手工收集的雌蛹必須從歐洲進口，而且有時每隻蛹高達五十美分。因此，當經過多年努力之後，農業部的化學家最近成功地將性誘劑隔離，這是一個巨大的突破。這個發現成功準備了從蓖麻油成分中提取的一種密切相關的合成材料；這不僅誤導了雄蛾，而且與自然物質一樣對雄蛾充滿了吸引力。一個陷阱中僅需放一微克的這種物質（百萬分之一克）就已經非常有效。

所有這些已經遠遠超越了學術上的興趣，因為這種經濟型的新樹蟲殺不僅可以運用在統計操作上，還可以用以控制舞毒蛾。目前正在測試幾個更為吸引人的可能性。在心理戰的實驗中，引誘劑與一種顆粒狀物質相結合，並透過飛機散播出去。此舉目的在於迷惑雄蛾並改變其正常行為，以致雄蛾在混亂而誘人的香氣中無法發現雌蛾所發出的真正的氣味軌跡。在實驗中，科學家們進一步發展這一方式，欺騙雄蛾與假的雌蛾進行交配。在實驗室中，雄舞毒蛾企圖與木材、蛭石片和其他小而無生命的物體進行交配，只要這些物體在性誘劑中浸泡過。到底這種交配本性轉向非生產性的方向轉移是否會降低舞毒蛾的數量還有待測試，但這是一個有趣的可能性。舞毒蛾誘餌是最早的合成昆蟲性誘劑，但是也許很快也會出現其他的性誘劑。科學家們正在研究一些農業害蟲，尋找可以被人類模仿的引誘劑。對黑森癭蚊和菸草天蛾的研究已經取得了有效的進展。

引誘劑與毒藥的合成被應用在幾種害蟲上。政府的科學家發明了一種名為甲基丁子香酚的引誘劑，這會讓東方果實蠅和瓜蠅無法抗拒。在離日本四百五十英里的小笠原群島上的科學家已經在測試這種引誘劑時加入了一種毒藥。在小片纖維板上灌注這種混合物，並透過空氣在整個列島上傳播，將雄蠅吸引過來並殺死。「雄蟲滅絕」這個項目始於一九六〇年；一年後，農業部預測，已經消滅了九九％的此類害蟲。這裡採用的方式看起來比傳統的殺蟲劑方式有著明顯優勢。這裡提到的毒藥是一種有機磷化學物，僅限制在纖維板方塊內，不會被其他野生生物誤食；另外，其殘渣很快就分解了，因此也不會對水和泥土造成汙染。

但是昆蟲世界裡並非所有交流都透過對其吸引或反感的氣味來實現。聲音有時也是一種警告或者吸引。一隻飛行中的蝙蝠所發射出來的持續的超聲流（讓其在黑暗中飛行的雷達導航系統）會讓某些蛾類捕捉到而使它們能夠避開蝙蝠的捕食。一些寄生蠅靠近的振翅之聲會讓某些鋸蠅的幼蟲聚集起來共同抵禦外敵。另外，某些木材鑽孔蟲能讓牠們的寄生蟲找到自己，而對於雄蚊而言，雌蚊的振翅是一種誘惑。

昆蟲的這種能力該如何加以利用來偵察聲音並做出適當回饋？在實驗階段，有趣的是，用雌蚊飛行聲音的錄音來吸引雄蚊獲得了初步成功。雄蚊被吸引到一個電網上而觸電身亡。科學家還在玉米螟和夜蛾科蛾上測試了超聲的趨避效果。兩位研究動物聲音的權威人士，夏威夷大學的休伯特教授和馬貝爾・弗林斯教授認為，用聲音來影響昆蟲行為的現場驗證法就是為了找到合適的方式發展和應用關於昆蟲聲音的產生和接收的大量現存知識。令昆蟲厭惡的聲音比引誘劑有更大的可能性。弗林斯教授研究團隊的人做過一個實驗，在播放牠們的同類痛苦的尖叫聲之時，燕八哥驚慌地四下散去。也許這一事實的核心真理可以運用在昆蟲上。對於工業從業人員而言，這種可能性已經足夠，因此至少有一家主營電子的公司準備建立實驗室來進行檢驗。

聲音也被當作可以直接造成生物破壞的一種介質來測試。在實驗室水槽中，超聲可以殺死所有蚊子幼蟲；然而，也能殺死其他水生生物。在其他實驗中，綠頭蒼蠅、粉蟲以及黃熱病蚊子會在幾秒之間被機載超聲殺死。這些實驗都是通往昆蟲控制之路全新概念所邁出的第一步，預示著某天電子學所帶來的奇蹟能成為現實。

對害蟲新的生物控制並非僅與電子學、伽馬射線和其他人類創新產品有關。有些方式可以追溯到古代，其基於的原理是，昆蟲跟人類一樣，都會患上疾病。像古時候的瘟疫一樣，細菌感染能讓整個族群毀滅；在病毒肆虐的時候，昆蟲就開始生病和死亡。在亞里斯多德之前，人們就已經知道昆蟲會患病；蠶蟲患病還被寫入中世紀的詩歌中；也正是透過研究這種昆蟲的疾病，巴斯德第一次瞭解了傳染性疾病的規律。

昆蟲不僅會受到病毒和細菌的侵害，還會受到真菌、原生動物、微小的蠕蟲以及其他肉眼看不見的各種小生物的侵擾，牠們都是人類的朋友。因為這些微小生物包括的不僅有致病生物，而且有能降解垃圾物質、讓土壤肥沃、起發酵和消化作用等無數生物學過程的生物。為什麼我們不能利用這些生物來控制昆蟲呢？

第一個想到要利用這些微生物的是十九世紀的動物學家伊利・梅契尼科夫。在十九世紀的最後幾十年以及二十世紀上半葉，微生物防治的設想已漸漸形成。在一九三〇年代後期，隨著科學家們在日本甲殼蟲中發現乳白病並加以利用，人們第一次確認只要將疾病引入昆蟲的生存環境，牠們就會受到控制，這是芽孢桿菌屬的一種細菌孢子所造成的。這個典型的利用細菌對昆蟲進行控制的例子在美國東部有著很長的歷史。

現在人們把很多希望寄託在這種屬群的另一個細菌身上——蘇雲金桿菌——它最早於一九一一年在德國的圖林根州被人們發現的，當時它給粉斑螟的幼蟲帶來了致命的敗血症。這種細菌事實上透過毒液而非傳播疾病使幼蟲死亡。在牠那生長旺盛的觸角裡，有孢子以及成型的由蛋白質物質組成的特殊晶體，這種物質對某些昆蟲而言有著劇毒，尤其是對與蛾類相似的鱗翅目來說更是如此。在吞食了擦滿這類毒液的植物後的短時間內，幼蟲便全身麻痺、停止進食，並很快死亡。從實用性角度出發，毒液迅速干擾幼蟲的進食功能確實是有著巨大的優越性，因為一開始採用這種病原體，糧食就不再受破壞。美國幾家不同的商業公司正在製作包含蘇雲金桿菌孢子的混合物。有幾個國家正在進行實地測試：法國和德國針對的是大菜粉蝶的幼蟲，南斯拉夫針對秋天的結網毛蟲，蘇聯則針對的是一種黃褐天幕毛蟲。巴拿馬於一九六一年開始測試，這種細菌殺蟲劑可以解決香蕉種植者面臨的一種或多種問題。根蛀蟲是嚴重阻撓香蕉生長的一種害蟲，導致香蕉根莖脆弱，樹幹弱不禁風。地特靈曾經是唯一對根蛀蟲起抑制作用的化學物，可如今卻帶來了一系列災難。根蛀蟲有抗藥性了。這種化學物也殺死了許多重要的昆蟲天敵，導致卷葉蛾數量的增加——卷葉蛾身體粗短，其幼蟲侵食香蕉表皮。因此人們有理由希望生產出一種新型微生物殺蟲劑，同時滅絕卷葉蛾和根蛀蟲，並且不會擾亂自然對這些昆蟲的控制。

在加拿大和美國東部的森林裡，細菌殺蟲劑是解決蚜蟲和舞毒蛾等森林裡的昆蟲的重要方式。在一九六〇年，兩個國家都開始實地測試蘇雲金桿菌這種商業製劑。早期的一些結果頗見成效。比如，在美國佛蒙特州，用細菌進行控制的最終結果與使用ＤＤＴ的效果一樣好。如今主要的技術問題是，要發明一種溶液，將細菌的孢子黏在常青樹的針葉上。對農作物而言不存在這個問題——連藥粉都可以使用。細菌殺蟲劑已經在許多種類的蔬菜上得到測試，尤其在加州。同時，另一個不那麼引人注目的工作是關於病毒的研究。在加州的幼小苜蓿田上，噴灑了對於苜蓿毛毛蟲而言殺傷力甚於任何殺蟲劑的物質——這種物質包含一種病毒，是從因感染了極其致命的疾病而死去的毛毛蟲身上所取出的。只需提取五隻死去的毛毛蟲體內的病毒，便足以治癒整片苜蓿地。在加拿大某些森林中，一種影響普通鋸角葉蜂的病毒經證實可以有效控制害蟲並已被用以取代殺蟲劑。

捷克斯洛伐克的科學家們在試驗用原生動物來對付結網毛蟲和其他害蟲，美國已經發現一種原生寄生蟲可以用來降低玉米蛀蟲的產卵能力。微生物殺蟲劑這一名稱會讓一些人想起細菌大戰的場面，害怕其他生命會因此而受到威脅。這是不正確的。與化學物質相反，昆蟲病原體僅對它們的目標有殺傷力，對其他生命體沒有損害。愛德華・斯坦豪斯博士是一位昆蟲病理學的著名權威，他強調：「無論在實驗中還是自然中，都不存在已驗證的記錄實例能證明真正的昆蟲病原體會導致脊椎動物患上感染性疾病。」

昆蟲病原體的特殊性在於，它們僅感染很小一部分昆蟲——有時候僅影響單一種群。在生理上，它們不屬於會在高一級動物或植物中引起疾病的生物體。斯坦豪斯博士同時還指出，自然界中昆蟲疾病的暴發僅限於昆蟲，不會影響其寄主植物也不會影響以它們為食的動物。

昆蟲有許多自然天敵——不僅是各種各樣的微生物，還包括其他昆蟲。大約在一八〇〇年，伊拉茲馬斯・達爾文便提出了第一個建議，認為可以透過鼓勵昆蟲天敵生長的方式對昆蟲進行抑制。也許因為這是生物控制中第一個被廣泛實踐的方式，大部分人都錯誤地認為讓一種昆蟲對付另一種昆蟲是除了使用化學物外的唯一方式。

在美國，真正的傳統生物控制開端於一八八八年。那時，阿爾伯特・科貝爾是最早一批昆蟲學探險家中的一員，他前往澳洲探尋威脅加州柑橘產業生存的吹綿蚧的天敵。正如我們所說，那次任務的成功舉世矚目，在接下來的一個世紀裡，全世界都在搜尋能對付海邊的不速之客的天敵。總體而言，引進了大約一百種昆蟲捕食者和寄生蟲。除了科貝爾帶回的澳洲瓢蟲外，其餘的都引進成功。一種從日本進口的黃蜂完全將攻擊東部蘋果園的昆蟲控制住。幾種苜蓿彩斑蚜的天敵是不經意間從中東傳入的，卻拯救了加州的整個紫花苜蓿產業。舞毒蛾的寄生蟲和捕食者也達到了不錯的控制作用，脛節黃蜂對日本金龜子也是如此。對介殼蟲和舞毒蛾的生物控制預計能為加州每年節省幾百萬美元——事實上，該州的一位昆蟲學家領先人物保爾德•巴赫博士預測，加州在生物控制上投入了大約四百萬美元，卻收穫了一億美元。

遍布世界大部分地區的四十多個國家，透過引進自然天敵對造成嚴重蟲害的昆蟲進行生物控制並獲得成功。這種控制相對於使用化學物有著明顯優勢：價格相對低廉、效果持久並沒有有毒物質殘留。然而，生物控制卻缺少支持。加州是眾多州中唯一一個有生物控制正式項目的州，許多州甚至連一位全職研究生物控制的昆蟲學家都沒有，也許由於缺少支持，以引入昆蟲天敵來進行的生物控制缺少其所需的科學嚴密性——很少進行確切研究，探尋其對昆蟲獵物數量的影響，並且散布天敵的工作也不夠精確細緻，無法區分成功與失敗。

捕食者與被捕食者並非單獨存在，但是作為生活這張大網的一部分，所有的因素都需考慮在內。也許在森林中，採用更為傳統的生物控制的機會是最大的。現代農業的農田高度機械化，不像自然界會生成的任何東西。但是森林則大不相同，它接近於大自然環境。在這裡，人類的最少干涉和幫助，能讓自然自行其道，建立起絕妙而精密的平衡與制約系統，保護森林不受到昆蟲的過度傷害。

在美國，我們的護林人彷彿認為生物控制主要是引進昆蟲的寄生蟲和捕食者。加拿大人的眼光更廣，一些歐洲人更甚，將森林衛生科學發展到令人驚異的程度。在歐洲護林人眼中，鳥類、螞蟻、森林蜘蛛以及土壤細菌都與樹木一樣是森林的一分子，他們用這些保護措施負責往新森林中引入微生物。第一步是先引入鳥類。在集約林業的現代社會，不再存在老的空心樹，而啄木鳥和其他在樹上築巢的鳥類也逐漸消失。引入巢箱可以彌補這一缺陷，也將鳥類引回了森林。其他巢箱專門為貓頭鷹和蝙蝠所設，那麼這些動物可以在天黑時接替白天的小鳥繼續完成捕食昆蟲的任務。

但這只是一個開始。歐洲森林中一些最了不起的控制工作是由森林紅蟻來完成的，這種動物是好勝的昆蟲捕食者——不幸的是，北美沒有這種動物。大約在二十五年前，烏茲堡大學的卡爾·戈茲瓦爾德教授發明一種培養這種紅蟻的方式並建立了其群體。在他的指導下，在聯邦德國的大約九十個測試區域建立起了一萬個紅蟻種群。戈茲瓦爾德教授的方式在義大利和其他國家得到採用，他們建立了螞蟻農場，以為紅蟻的散步提供林區。比如說，在亞平寧山脈，已經建立起幾百個鳥巢來保護再生林區域。

「在森林中，你會看到鳥類、蟻類、蝙蝠和貓頭鷹在一起保護著森林，使得其生態平衡獲得巨大的改善」，德國莫爾恩的林業官海因茲・魯伯特・索芬博士認為，引入單一的昆蟲捕食者或者寄生蟲不如建立起一個自然同伴的統一戰線來得有效。

莫爾恩森林新的蟻群受到鐵絲網的保護以防遭到啄木鳥的侵害。這樣在某些測試區域，十年間啄木鳥的數量就增長了四〇〇%，沒有導致蟻群的大量減少，而透過啄食樹上有害的毛毛蟲來獲取失去的食源。保護蟻群（以及鳥類巢箱）的大部分工作由當地學校的十至十四歲孩子組成的少年團來承擔。費用非常低；還有森林能夠得到永久保護的好處。

希望找到永久的解決方式並保護和加強森林自然聯繫的護林人有一整套的裝備可以利用。森林中的用化學物來控制害蟲的方式，最多只能算是沒有任何實質效果的權宜之計，而最壞的結果卻是殺死了森林河流中的魚類，給昆蟲帶來瘟疫並摧毀自然控制以及我們想引入的控制措施。魯伯特・索芬博士說，透過這種暴力措施，「森林中生命的合同協助關係完全失去平衡，寄生蟲帶來的災難會一遍比一遍快地重演。因此，我們必須阻止這些非自然的操縱被引入最重要的也是人類剩下的最後一片自然生存之地。」

要解決我們與其他生物共用一個地球的問題，需要採用所有這些新的、想像力豐富而且有創意的方式。這裡存在著一個永恆的主題，那就是我們對生命的意識——如何看待生物，看待它們面對的壓力和反壓力，它們的興盛與衰敗。只有把這些生命力考慮在內，並小心地引導它們向對人類有益的方向發展，我們才能在昆蟲群體和人類之間做出合理的安排。

當前使用毒藥的趨勢完全沒有將這些最基本的因素考慮在內。像遠古洞穴人使用棍棒那樣，猛烈的化學攻擊破壞了生命的組織——這種組織一方面是脆弱易受傷害的，另一方面卻奇蹟般的堅韌和彈性十足，有能力以出人意料的方式進行反擊。這些生命的卓越能力曾被化學藥物的從業者所忽視，他們從不理會如何找到更「高尚的方向」，也從不謙遜，直至要損害了這些巨大的力量。

「控制大自然」這一短語是在驕傲自大的心態中構思出來的。它源於尼安德塔人時期的生物學和哲學，當時人們以為自然界是為人類的便利而存在的。應用昆蟲學的概念與實踐可以追溯到石器時代的科學。一種不幸讓人警醒，那就是，這種原始的科學將自己武裝成現代的科學和最糟糕的武器，被用來對付昆蟲，但同時也正損害著整個地球。

誌謝

一九五八年一月，我收到歐加・歐文斯・哈金斯的信，她在信裡講述了一個微觀世界失去了生機的不快經歷，這迅速讓我想起近年來自己一直在關注的一個問題。隨即我意識到必須得寫這麼一本書了。此後數年，我得到了那麼多人的鼓勵與幫助，在此無法一一列出他們的姓名。有來自我國還有其他國家政府機構的人，來自各個大學和研究機構的人，還有許多各行各業的專家都毫無保留地與我分享了他們多年來的經驗與研究成果。在此，我對所有人所慷慨獻出的時間與思想表示最誠摯的謝意。此外，尤其我要感謝那些花時間閱讀本書手稿並基於自己的專業知識給出批評建議的人們。雖然我要對本書的準確性與真實性負最終責任，但如若沒有下面諸位專家的無私幫助，我定無法完成此書，他們是：

梅約診所的醫學博士L・G・巴多羅麥，德州大學的約翰・J・比斯列，西安大略大學的A・W・A・布朗，康乃狄克州韋斯特波特的醫學博士莫頓・S・比斯金德，荷蘭植物保護局的C・J・布列吉，羅布和貝西・維爾德野生生物基金會的克拉倫斯・科塔姆、克利夫蘭醫院的醫學博士喬治・科瑞爾，康乃狄克州諾福克的法蘭克・伊格勒，梅約診所的醫學博士馬爾孔・M・哈格雷夫斯，國家癌症研究所的醫學博士W・C・休珀，加拿大研究委員會的C・J・克斯維爾，荒野學會的奧勞斯・穆立，加拿大農業部的A・D皮克特，伊利諾州自然歷史考察委員會的湯瑪斯・G・史考特，塔夫特公共衛生工程中心的克拉倫斯・塔維和密西根州立大學的喬治・J・華勒士。

任何一本以大量事實為基礎的書，其作者都需要借助圖書館管理員的本領與幫助。我欠了許多人這樣的人情，但其中尤其要感謝內政部的伊達・K・約翰斯頓和國家健康研究所圖書館的希爾瑪・魯濱遜。

本書編輯保羅・布魯克斯數年來給予了我堅定的支援，並毫無怨言地因為我的拖延而調整他的計畫。對於這一點以及他高超的編輯能力，我將沒齒難忘。為了完成資料查閱這一任務，我得到了桃樂絲・艾爾基及珍妮・戴維斯和貝蒂・漢妮・道芙全力而有效的幫助。同時，由於有時情況著實困難，如果沒有伊達・斯普羅盡心盡力地幫我料理家務，我不可能完成這項工作。

最後，我必須指出我們還受惠於許多人，甚至有很多人我都不認識，但正是他們賦予本書價值，是他們最先挺身而出，反對人們毒害這個與其他各種生物共同享有的世界的魯莽且不負責任的行為，他們現在仍然在引導成千上萬場小型戰役，這些鬥爭終將勝利，並將給我們帶來理智與常識，讓我們與身邊的世界和解。

瑞秋・卡森

海鴿文化出版圖書有限公司
Seadove Publishing Company Ltd.

青春講義 131

寂靜的春天
Silent Spring

作者　瑞秋・露易絲・卡森
譯者　龐洋
美術構成　騾賴耙工作室
封面設計　ivy_design
發行人　羅清維
企畫執行　林義傑、張緯倫
責任行政　陳淑貞

出版　海鴿文化出版圖書有限公司
出版登記　行政院新聞局局版北市業字第780號
發行部　台北市信義區林口街54-4號1樓
電話　02-27273008
傳真　02-27270603
e - mail　seadove.book@msa.hinet.net

總經銷　創智文化有限公司
住址　新北市土城區忠承路89號6樓
電話　02-22683489
傳真　02-22696560
網址　www.booknews.com.tw

香港總經銷　和平圖書有限公司
住址　香港柴灣嘉業街12號百樂門大廈17樓
電話　（852）2804-6687
傳真　（852）2804-6409

CVS總代理　美璟文化有限公司
電話　02-27239968　e - mail：net@uth.com.tw

出版日期　2023年04月01日　一版一刷

定價　360元
郵政劃撥　18989626戶名：海鴿文化出版圖書有限公司

國家圖書館出版品預行編目資料

寂靜的春天／瑞秋・卡森作；
龐洋譯--一版，--臺北市 ： 海鴿文化，2023.03
面 ；　公分. －－（青春講義；131）
ISBN 978-986-392-481-4（平裝）

1. 農藥汙染　2. 環境化學　3. 環境污染

445.96　112001279